# 数学破案记

陈东栋 著

山东城市出版传媒集团·济南出版社

图书在版编目（ＣＩＰ）数据

数学破案记／陈东栋著．—济南：济南出版社，
2017.5（2018.12 重印）
　ISBN 978 - 7 - 5488 - 2567 - 8

　Ⅰ.①数…　Ⅱ.①陈…　Ⅲ.①数学—少儿读物
Ⅳ.①O1 - 49

中国版本图书馆 CIP 数据核字（2017）第 112302 号

出版发行　济南出版社
地　　址　济南市二环南路 1 号（250002）
发行热线　0531 - 86116641　86131730
印　　刷　山东华立印务有限公司
版　　次　2017 年 5 月第 1 版
印　　次　2018 年 12 月第 2 次印刷
成品尺寸　148 mm×210 mm　32 开
印　　张　5.625
字　　数　108 千
印　　数　6001 - 9000 册
定　　价　20.00 元

# 致小朋友

　　许多孩子不喜欢数学，他们觉得学习数学就像在数字和符号组成的题海中苦苦挣扎。他们也有一个梦想，梦想自己的数学学习之旅就像一次次思维的探险、一次次美妙的奇遇、一次次激动人心的破解。他们更有许多希望，希望数学不再那么单调，数学学习能像听故事那样轻松有趣；希望数学不再那么枯燥，数学学习能像警察破案那样富有成就感；希望数学不再那么古板，数学学习能像游戏那样引人入胜……

　　兴趣是最好的老师，为了让孩子们爱上数学，我们只有改变——虽然不能改变知识，但能改变知识呈现的方式。本套图书是以人教、苏教版教材为依据，结合孩子们的学习能力，为孩子们学习数学而量身定做的一套趣味数学故事丛书。

　　《数学奇遇记》安排了蜜蜂王国奇遇记、海底世界奇遇记、阿凡提智斗记、八戒经商奇遇记、"狐丽狐途蛋"奇遇记、文迪古代奇遇记、智慧北游奇遇记，共7个数学奇遇故事。读完这本书，你会为阿凡提劫富济贫、伸张正义之举而赞叹，你会因文迪的古代之旅而脑洞大开，你会为兔子凭借数学智慧战胜狐狸而鼓掌，你会因八戒不懂数学处处受挫而捧腹大笑……同时，你也会体悟到数学的魅力、数学的妙趣、数学思维和方法的重要、数学历史的丰富。

《数学历险记》安排了玩具历险记、鼠王国历险记、酷酷猴历险记、沙漠古城历险记、狼窝历险记、妙算城历险记，共6个数学历险故事。打开这本书，你会有种身临其境的感觉：陪伴几个受到不公平对待的玩具去寻找新的小主人；跟随土地爷到充满危险的鼠王国走一遭，只为找回被老鼠盗走的数学书；变成孙悟空的弟子酷酷猴来一次人间之行；变成故事中的主人公，在沙漠古城中解开一个个古人设计的机关；掉进妙算城，经历一次头脑风暴，成为拯救地球的卫士……读完这本书，你会为数学蕴藏的巨大能量而赞叹，会为今后学好数学而努力。

《数学破案记》安排了军鸽天奇破案记、数学王子破案记、兔子白雪从警记、"包青天"破案记，共4个破案故事。读完本书，你会为一只兔子喝彩，它为实现自己当警察的理想而付出不懈的努力。兔子是弱小、胆怯的代表，但本故事中的兔子因为数学而变得智慧，因为数学而变得强大。为了寻找食肉动物发狂的真正原因，兔子白雪和狐狸令狐聪成为好友，历经千辛万苦，终于找到了隐藏在背后的真正元凶。

捧起这套图书，阅读智慧数学故事，你就会明白：数学是一条路，一条通往快乐的路，让你备感愉悦；数学是一种美，一种超越现实的美，它能让你的思维变得自由灵活；数学是一双眼睛，通过这双眼睛，你会发现世界变得更加斑斓多彩。

陈东栋

2017 年 5 月

# 目　录

# 军鸽天奇破案记

有一只军鸽退役了，他回到了日夜思念的家乡，被森林的小动物们推荐为森林警察局的警长。他凭借自己的智慧，与森林里的恶势力斗争，守护着森林小动物们的财产和生命的安全……

# 鸟蛋被盗

春天的森林醒来得格外早，天刚蒙蒙亮，鸟妈妈们就已穿梭在树林里，为刚刚出生的鸟宝宝们寻找可口的食物。

突然，从森林深处的池塘边传来凄惨的哭声，百灵鸟也停止了她的歌唱。

"谁在哭？"大伙循声飞去。

"不好啦！不好啦！蛋宝宝被盗了。"乌鸦一边飞一边叫嚷着。

"报案，报案，哭有什么用！"不知谁叫了一声，几位悲伤的鸟妈妈才慌忙打电话报警。

接到报警电话的军鸽天奇迅速赶到了案发现场，只见天鹅妈妈、野鸭妈妈、鹌鹑妈妈，个个哭得跟泪人似的。天奇一边安慰三位鸟妈妈，一边仔细地勘查现场。地上几个淡淡的狼爪印和几根金黄色的狐狸毛引起了天奇的注意："有谁知道狐狸和狼现在在哪里？"

猫头鹰说道："刚才我在森林东边听到他俩正在吵架。"

天奇安抚三位妈妈，说道："放心，我一定把你们的蛋宝宝安全地找回来！"说完，箭一般地向森林东边飞去。

"你少给了我 2 个鹌鹑蛋！""没有少给，肯定是你算错了！"狐狸和狼争得面红耳赤。

　　"果真是这两个坏家伙偷了蛋。"天奇为了保证鸟蛋的安全，他飞过去问道："两位大哥，你们为什么争吵啊？说给我听听，也许我能帮助你们。"

　　委屈的狐狸见来了救星，说道："我在路边捡到了一些蛋，狼也在路边捡到了一些蛋，狼说用 3 个天鹅蛋能换他 9 个鸭蛋，或用 2 个鸭蛋换他 4 个鹌鹑蛋，我给了他 5 个天鹅蛋，可是狼只给了我 28 个鹌鹑蛋，他肯定是占我便宜了。"

　　天奇想了想说："我来帮你们算一算：3 个天鹅蛋换 9 个鸭蛋，说明 1 个天鹅蛋能换 3 个鸭蛋；2 个鸭蛋能换 4 个鹌鹑蛋，说明 1 个鸭蛋能换 2 个鹌鹑蛋；那 1 个天鹅蛋就能换 $2 \times 3 = 6$（个）鹌鹑蛋，那 5 个天鹅蛋能换 $5 \times 6 = 30$（个）鹌鹑蛋，所以狼少给了你 2 个鹌鹑蛋。"算完后天奇装作一副热心肠的样子说："你们把蛋给我，我来帮你们换，保证公平合理！"

　　天奇接过蛋，小心地藏了起来，然后转身对狐狸和狼说："我把蛋放进两棵树的树洞里了，你们自己去拿吧！"

　　狐狸和狼刚把头伸进树洞，看看交换得是否公平，躲在树洞里的啄木鸟助手狠狠地啄了一下狼的眼睛和狐狸的嘴巴，疼得狼和狐狸满地打滚。过了好长一段时间，狼和狐狸一看，哪还有天奇的影子，再互相一看，狼成了只有一个眼珠的独眼狼，而狐狸的嘴也破了，成了一只豁嘴狐狸。

【挑战自我1】

20 个桃子可以换 2 个香瓜，9 个香瓜可以换 3 个西瓜，8 个西瓜可以换多少个桃子？

# 鸡大夫家的机关门

豁嘴狐狸捂着嘴，搀着独眼狼，准备到鸡大夫家去看病。

两个家伙跌跌撞撞地朝鸡大夫家走去，豁嘴狐狸咧着他的破嘴说道："等鸡大夫给我们看完病，我们直接把鸡大夫炖着吃了，正好给我们补一补。"

"不行，还是烤着吃香！"独眼狼瞪着他的独眼反驳道。

可他俩万万没想到的是，这些话全让天奇听到了，他赶紧飞到鸡大夫家，嘱咐了鸡大夫几句，并在门上做了一个小机关。

不一会儿，狐狸和狼来到鸡大夫家门口，敲了半天也不见有人来开门，独眼狼不耐烦地说："我们撞门进去！"

"别急，你看门上有一行字。"狐狸连忙拦住。

独眼狼念道："你如果能把每边 6 个铁钉变成 7 个，门就会自动打开！"

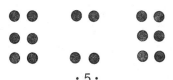

独眼狼太想吃烤鸡了，他想都没想，就乱移动了几根铁钉，门"吱"的一声打开了一条缝。独眼狼凑近门缝想看个仔细，突然，从门缝里喷出一团胡椒粉，辣得独眼狼眼泪鼻涕直流。站在一旁的豁嘴狐狸咧着他那豁嘴嘲笑道："活该大笨狼，不懂装懂，自讨苦吃。"

"你会，你为什么不来摆？"独眼狼怒道。

"看我的！"豁嘴狐狸走上前，把门上的铁钉重新排了一下：

门自动打开了，狐狸和狼一拥而进，抓住鸡大夫恶狠狠地说："快给我们看病，要不我们就吃了你！"

鸡大夫假装吓得直哆嗦，问道："你们哪里不舒服？"

独眼狼指着自己的独眼说："给我装个最贵的水晶眼球！"

豁嘴狐狸指着自己的豁嘴说："把我的嘴缝好！"

鸡大夫特意拿出他最大的手术刀和手术针说道："躺下！我给你们做手术！"

独眼狼和豁嘴狐狸吓得抱在一起："这是手术刀还是杀猪刀啊？太可怕了，鸡大夫，你这不是要我们的命吗？"

鸡大夫笑道："你们要是怕疼，可以选择打麻药。"

"对、对，打了麻药就感觉不到疼了！"

独眼狼假装关心的样子说道："狐狸，你先打，我帮你守着。"

鸡大夫拿起一支给大象用的针管，装了满满一大针管麻药，狠狠地扎了进去，"哎哟！"豁嘴狐狸叫了一声，便晕了过去。

鸡大夫转身就要给独眼狼打麻药，独眼狼见状，吓得抱起狐狸就跑。

鸡大夫见两个坏家伙跑远了，笑着对藏在里屋的天奇说："大警长，你这一招可真灵！"

【挑战自我2】

移动一根火柴，使等式成立。

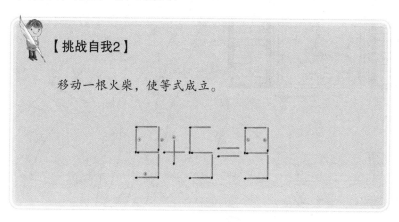

# 狐狼赖账

独眼狼和豁嘴狐狸吃了亏后，不敢再做什么坏事了，可是他俩好吃懒做，不偷不抢他们吃什么呢？

一天，独眼狼肚子饿得咕咕叫，狐狸建议道："我们去借点东西吃吧，听说大雁刚开了家点心店，吃过的都说味道特别好！"

独眼狼听狐狸一说，馋得口水直流，嚷道："还等什么，我们快去尝尝鲜!"

他俩来到大雁点心店，"喂，给我们每人上 10 份不同的点心!"

两个饿极了的家伙一坐下来便狼吞虎咽，吃完后，狼和狐狸摸着撑得圆圆的肚子，表情既满足又痛苦，感慨道："这肚子饿了难受，没想到吃太饱了也难受啊!"

狐狸一摸口袋，装作忘记带钱的样子，说："大雁，记账，下次我们来付钱!"

"我们店还没遇到吃点心赊账的!"

"没遇到过? 哈哈，那是你以前没遇到我们!"独眼狼得意地说道，说完就大摇大摆地走了，临走前还不忘带了一大包点心。

可是，过了好些时候，大雁也不见狼和狐狸来付钱，便拿着欠条去找他们。狐狸接过欠条，故意打了个喷嚏，然后连忙擦了擦，诡秘地笑道："就这么几块点心，我们马上付钱!"

大雁接过欠条一看，顿时傻了眼，原来欠条上有些数字被狐狸擦得看不清了，这可怎么办?

| 种类 | 面包 | 蛋糕 | 薯条 | 三样平均数 |
|------|------|------|------|-----------|
| 数量 | 8■ | ■6 | 75 | 86 |

独眼狼和豁嘴狐狸得意地笑道："你要是说不出具体数量，我们就不付钱了!"

大雁急得哭了起来，正好天奇经过，他看了看欠条后说："要是能说出具体数量，你们就得付钱！"

"那是当然，欠账理应还钱！"独眼狼得意地回答道。

天奇想了想说："$86 \times 3 = 258$（个），$258 - 75 = 183$（个），把面包数量的十位数字 8 和蛋糕数量的个位数字 6 合起来得 86 个，用 $183 - 86 = 97$，所以面包数量为 87 个，蛋糕数量为 96 个。"

大雁听后连忙说："对！对！就是这么多。"

独眼狼和豁嘴狐狸没想到天奇真的求出了结果，这下不好赖账了，便吞吞吐吐地说："我们……我们没有钱。"

天奇厉声地说："没钱？想吃白食？现在我罚你们俩去帮大雁打工，用你们的工钱抵债！"

独眼狼和豁嘴狐狸知道天奇的厉害，只好乖乖地为大雁打工还债。

**【挑战自我3】**

小明期中考试 4 门科目的平均分为 94 分，由于老师批改错误，其中有一门科目被改为 87 分，这时 4 门科目的平均分是 92 分，这个被改动的科目原来是多少分？

# 狐狼卖瓜

秋天，森林里的水果市场生意十分火爆，各式各样的水果，

吸引来许许多多的购买者。独眼狼和豁嘴狐狸见做生意能够赚钱，便也打起了做生意的主意，可是他俩什么也没有种，拿什么卖呢？

狐狸听说獾今年种的西瓜大丰收，自家吃不完，正准备卖掉一些。独眼狼和豁嘴狐狸主动找上门。"獾兄弟，听说你家西瓜大丰收了，你把多余的西瓜全卖给我们吧！"

獾正愁这么多西瓜没法处理，没想到生意找上门了，便爽快地答应了。

独眼狼和豁嘴狐狸分工合作，独眼狼负责运瓜，狐狸负责卖瓜。

一切准备就绪后，狐狸便扯开喉咙叫喊着招揽生意："卖西瓜啦！又沙又甜的大西瓜，不甜不要钱！"

野猪正好从旁边经过，停下来问道："这西瓜怎么卖啊？"狐狸见生意上门了，立刻笑脸迎了上去说："我们都是乡亲，你放心，我决不会贵卖给你的！8 斤以上的大西瓜每斤 1 元，8 斤以下的小西瓜每斤 8 角。"

野猪听狐狸这么一说，心动了，说道："帮我挑一个甜些的西瓜！算算要多少钱？"狐狸在西瓜堆里这个拍拍，那个敲敲，选好一个后一称重量，说道："这个西瓜正好 7 元！"野猪不假思索地掏出 7 元钱递给狐狸，狐狸刚接过钱，心里乐道："你个大笨猪，被宰了也不知道。"

豁嘴狐狸正得意时，一副手铐从天而降，狐狸抬头一看，原来是天奇。狐狸道："你抓我干什么？我又没有犯法。"天奇说："你欺骗消费者，现在跟我到警察局里接受处罚。"狐狸狡辩道："我卖瓜收钱，天经地义，犯什么法了？"天奇道："按你的说法，8斤以上的西瓜每斤1元，8斤以下的每斤8角，不可能有哪个瓜正好是7元的！"说完天奇拿起秤，重新称了一下刚才的瓜，发现是7斤，应该是5元6角。狐狸见自己的阴谋被揭穿，只好接受处罚。

西瓜全卖完了，独眼狼和豁嘴狐狸一结账，扣除成本、罚款，他俩不但一分钱没赚，还亏了一些钱。

独眼狼恼火地说："下次做生意，我们要做无本的生意，这样保证能赚钱！"

**【挑战自我4】**

　　小马虎在计算一道题目时，把某数乘以3加20，误看成某数除以3减20，得数是72。那么某数应是多少？正确的得数应是多少？

# 狐狼盗木

　　清晨，天奇刚刚起床，就听见乌鸦在外叫嚷道："森林被盗伐啦！"天奇倒吸了一口冷气，心想："森林是大家赖以生存的家园，这样自取灭亡的事会是谁干的呢？"天奇连忙飞向事发现场，只见现场一片狼藉，碗口粗的树不见了，只剩下遍地的树桩。

天奇来到护林员野猪家，发现野猪正抱着酒壶呼呼大睡。

"快醒醒！昨天晚上谁来林场了？"天奇叫醒野猪。

野猪听说树木被盗，吓得酒也醒了，说道："昨天晚上独眼狼和豁嘴狐狸来林场请我喝酒，我多喝了几杯，后来就什么也不知道了。"

天奇和野猪又来到现场，野猪说："我来数数，看看一共被盗走了多少棵树。"

"别数了，被盗树木呈一个正方形，每条边上有 12 棵树，正好是 144 棵。"天奇只看了一眼就知道被盗了多少棵树。

野猪纳闷了，问道："这么多树，一夜之间全被运下山，谁有这么大力气？"

天奇看了一眼地上的脚印说："走，到灰熊家去！"途中，他们正好遇到灰熊，他正抱着两罐蜂蜜。

"灰熊，昨晚你干什么去了？"天奇问道。

灰熊眼里闪过一丝惊恐，随即回道："我昨天晚上在家酿蜂蜜。"

天奇见灰熊还狡辩，厉声说道："被盗林场里到处都是你的脚印，你如何解释？"

灰熊见天奇掌握了证据，头上直冒汗，连忙说道："树木不是我偷的，独眼狼给了我两罐蜂蜜，让我帮他们把树木搬运下山。"

独眼狼和豁嘴狐狸开了家木材加工厂，这次盗伐事件就是他俩一手策划的。天奇带着森林动物们来到木材厂，狼和狐狸正忙得热火朝天，见天奇来了，他们热情地迎上去说："大伙要什么家具，打个电话，我们送货上门，何必亲自跑一趟呢。你们看，这些木材都是我们刚刚从邻国进的上等货。"

天奇附在金雕耳边嘱咐了几句，金雕如箭一般飞向远方，过了一会儿，金雕拿来一张从邻国传来的传真。天奇看了一眼传真单上的数量，再看了看眼前的这堆木材，说道："现在我以偷盗木材罪逮捕你俩！"狐狸和狼狡辩道："我们可是合法的木材商，这些木材是我们刚进的货。"天奇把传真单亮给他俩看，说道："你们从邻国进了96根木材，而你这堆木材有240根，多出来的144根正好是昨天夜里被盗的木材！"

大伙问道："天奇，那么一大堆木材，你怎么数得那么快？"天奇笑道："这两个家伙把木材堆成一个长方体，每层摆了20根，正好摆了12层，所以我一看就知道一共有240根。"

就这样，独眼狼和豁嘴狐狸被逮捕后送去林场种树改造。

【挑战自我5】

一堆木材，顶层有8根，底层有32根，每相邻的两层间相差1根，请问，这堆木材共多少根？

# 灰熊贪污

竹子开花后会逐渐死亡，竹园里的熊猫们愁死了，没有了竹子，他们吃什么呢？森林王国的居民们听说这一消息后纷纷捐款。

森林警察局还特意组织了慈善捐款会，在会上天奇说道："大伙有钱出钱，没钱出力，帮助熊猫们渡过难关！"

灰熊不想出钱，嘴上却说："对，我虽然没钱捐，但我有力气，我出大力气！"

大伙你一百元，我一百元，很快就捐了 8900 元。天奇说道："灰熊，既然想你出力，那这钱就归你管，用来帮助熊猫购买新鲜的竹子。"灰熊拍着胸脯说："钱放在我这里，请大伙放心，我保证把熊猫们养得白白胖胖的。"

金丝猴科林说道："这么多钱交给灰熊管，万一他贪污了怎么办？"

"贪污？你真会开玩笑，熊猫是熊、灰熊也是熊，我们可是亲戚，你们要是不放心，可以查账啊。"灰熊说道。

大伙为了帮助熊猫渡过难关，都勒紧裤腰带过着俭朴的生活，可灰熊却天天大鱼大肉。金丝猴对天奇说道："灰熊会不会贪污捐款？"天奇也觉得灰熊可能在捐款上做了手脚，说："对，我们去查账！"

灰熊见天奇来查账，立刻拿出账本，上面着写：某年某月某日，收到慈善捐款 8900 元，给每只熊猫购买了 17 元的竹子，还剩余 4 元。

$$8900 \div 500 = 17（元）\cdots\cdots 4（元）$$

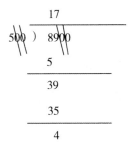

灰熊指着算式解释道："根据商不变的性质，$8900 \div 500$，可以变成 $89 \div 5$，所以我给每只熊猫购买了 17 元的竹子。"

天奇想了想说："每只熊猫分到 17 元的竹子没错，可这余数 4 元……"灰熊连忙掏出 4 元钱说："这余下的 4 元我可没花。"

"金丝猴，你觉得这账有问题吗？"天奇问道。

金丝猴看着这算式，想了想后说："商是 17 应该没有问题，但这余数好像不是 4 元，应该是 400 元。"

灰熊叫道："你会计算吗？$39 - 35$ 不等于 4 吗？怎么会等于 400 呢？这可不能诬陷好人。"

"对，灰熊利用商不变的性质及余数会变的特点，把余下的 400 元占为己有。"

大伙怒道："你连慈善捐助的钱都敢贪污，这可是熊猫们的救命钱，把贪污的 400 元交出来!"

灰熊见自己的把戏被识破了，支支吾吾道："钱……钱被我花了!"

天奇怒道："罚你在竹园里栽 400 棵竹子!"

**【挑战自我6】**

在算式（　　　）÷（　　）=（　　）……4 中，除数和商相等，被除数最小是几?

# 巧治无赖

一天中午，天奇正在警察局里办事，突然听到屋外传来争吵声："你这无赖，我家的木材肯定是你偷的!"

"你血口喷人，诬陷好人，那三根木材是从我家老房上拆下来的。"黄鼠狼狡辩道。

天奇了解案情后得知，是鸡大婶和黄鼠狼为了三根木头而争吵，两人各持己见，互不相让。

"行了，你们别吵了，现在带我去现场!"

天奇来到黄鼠狼家，家里果然有三根木材，村民们听说天奇来了，也纷纷出来指证。

"天奇，黄鼠狼这家伙好吃懒做，把祖屋都拆了卖掉了!"

邻居山羊说道。

黄鼠狼反驳道："你胡说，这三根木料是房屋上的三角架，我留着打家具，没舍得卖。"

鸡大婶哭诉道："这三根木材是我准备做鸡架用的，结果昨天晚上被偷了，要不是黄鼠狼这家伙放的臭屁，我还找不到小偷。"

黄鼠狼心里那个恨啊，昨天晚上偷木材时一用劲，确实憋出一个臭屁。可他嘴上却说："昨天我是经过你家时放了个屁，这可不是偷木材的证据。"

天奇心想："没有证据就无法立案，如何才能证明这三根木材不是黄鼠狼家拆下来的呢？"

天奇围着三根木材转了转，又量了量，心里有了办法，他抬头对黄鼠狼笑道："黄大哥，我认为这三根木料很有可能是从你家老屋上拆下来的三角架房梁。"

"瞧瞧，连天奇都认为这三根木材是我家的，你们还有话说吗？"黄鼠狼得意地说道。

天奇又说道："可是我一人无法让大伙都信服，要不你把这三根木材架成原来的样子，这样大伙就都没意见了。"

黄鼠狼心想，这也太简单了，"大伙看好了，我现在就搭成三角架！"

天奇对大伙说："如果黄鼠狼能把三根木料重新拼成一个三角架，说明木料就是黄鼠狼大哥家的。如果拼不成，那木料就是鸡大婶家的。"

黄鼠狼不知是计，连连点头："一言为定！"

不管黄鼠狼怎么拼，这三根木材就是拼不成一个三角形，急得他满头大汗。

"哈哈，拼不起来了，这木材是鸡大婶家的！"大伙笑道。

黄鼠狼怎么也想不明白，这三根木材首尾相接，怎么就不能拼成三角形呢。

鸡大婶拿回了木材，大伙问道："天奇，你怎么知道这三根木材不能拼成一个三角形呢？"

天奇解释道："我发现这三根木料一长两短，而且两根短的木料加起来也没有另一根长，我就断定不可能是房屋上的三角架！"

**【挑战自我7】**

用一根长为15厘米的铁丝剪成整厘米数长的三段，可以做成几种不同的三角形？

# 谁是偷瓜贼

瓜果交易市场生意火爆，在一处西瓜摊前，突然传来争吵声。野猪大哥责问道："你肯定偷了我的瓜！"水獭委屈道："明明是你的瓜脱水，怎么诬陷我偷了你的瓜。"

不知谁叫了一声："大警探天奇来了！"野猪连忙上前诉苦："天奇，你得为我做主啊，这黑心商人克扣我的瓜钱。"水獭辩解道："警长，我没有克扣瓜钱，我是被冤枉的啊。"

"把事情的经过讲给我听听，我来给你们做主。"

野猪大哥抢先说道："八月初一，我委托运瓜商水獭帮我运一万斤西瓜到瓜果交易所，还请了山猫押运船只。8 天后，西瓜运到交易所，我也没重新称重，就以每斤 2 元钱卖出，共获得大约 10000 元，如此算来，我实际只拿到约 5000 斤西瓜的钱。"

运瓜商水獭连连叫冤："冤枉啊，我日夜不停地行船，不可能偷瓜啊。"

天奇叫来押船的山猫问道："你负责押运西瓜，中途有没有停船？"山猫回道："8 天时间一直在行船，中途没有靠岸。"

天奇又去市场调查，发现并没有类似的西瓜在出售，天奇纳闷了："奇怪了，这西瓜难道长翅膀飞了？"

天奇又去水獭的船队调查水獭的品行。大伙都觉得水獭为人诚实，对手下也不错。正要离开时，一位老船工为水獭鸣冤道："天奇，我们不能冤枉好人啊，这西瓜长途运输会脱水的。"

"脱水？"这一线索引起了天奇的关注，可是西瓜脱水，会少掉 5000 斤吗？天奇拿了一个西瓜当众切开，取了一块让警员去检验含水情况，又派警员去野猪家现场化验刚采摘下来的西瓜的含水情况。

几小时后，瓜地现场摘的瓜和托运来的西瓜含水情况检验出来了，瓜地的西瓜含水 99%，而托运来的西瓜含水 98%。

野猪大哥道："看，含水率只少了 1%，所以西瓜肯定被水獭偷走了。"

天奇拿出纸算了起来：西瓜原来含水 99%，那其他物质含量是 1%，一万斤就含 $10000 \times 1\% = 100$（斤）。后来含水 98%，其他物质含量为 2%，运输前后，水分有变化，但其他物质含量没变。所以后来西瓜的总重量为 $100 \div 2\% = 5000$（斤）。

"哇，西瓜怎么少了 5000 斤？太不可思议了。"大伙看到结果后惊叹道。

天奇最后宣布道："结果有了，西瓜不是水獭偷的，而是被太阳偷走了，所以今后大伙运输水分含量高的水果一定要注意防止水果脱水。"

**【挑战自我8】**

一张足够大的纸，厚度是 0.01 厘米，对折 30 次，你知道高度是多少吗？

# 谁捡到了钱包

一天，河马经理慌慌张张地来到警察局报案。"天奇警官，大事不好了，我把钱包弄丢了，里面有身份证、银行卡，还有我公司的重要合同，这下麻烦大了。"

天奇问道："河马大哥，你先别急，你先想想钱包是在哪里被盗的。"

河马经理脸一红，不好意思地说："不是被盗的。我今天中午 12 点签完合同，回家路上走累了，在公园假山的左边休息了一会儿，回到家才发现钱包不见了。"

"你能说一下钱包的具体信息吗？比如大小、颜色、里面的钱物等。"天奇根据河马的口述，详细记录了丢失钱包的特征。

"好了，我猜你的钱包是被人捡去了，我会发布寻物启事，如果捡到钱包的人送还过来，我会联系你的。"

"警长，钱包里的钱是小事，关键是合同，如果有人送还回来，我一定要好好谢谢他！"

"放心吧，我会调看公园周围的摄像头，一有消息就通知你！"

河马经理前脚刚走，小松鼠、小鸡、小刺猬、小兔四只小动物来到警察局。

天奇热情地接待了他们，问道："小朋友们，来警察局有事吗？"

小松鼠得意地说："报告警长，中午我们中有一个人在假山旁边拾到一个钱包。"

天奇接过钱包一看，果然和河马丢的钱包一模一样，天奇

准备表扬一下这位拾金不昧的小动物，可四个小家伙谁都不说钱包是谁捡到的。小兔说道："捡到钱物要交给警察叔叔！"

天奇想了想，从桌上拿了四张纸递给四个小朋友，说道："你们一定还记得自己当时在假山哪个面玩的吧，现在把你们当时所看到的假山形状画出来。"

四个小朋友把自己看到的图画了出来。

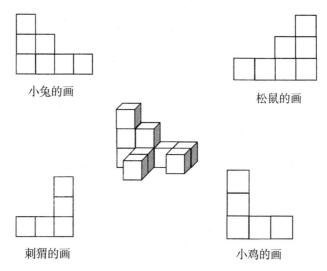

小兔的画

松鼠的画

刺猬的画

小鸡的画

天奇看完图后，乐呵呵地对小鸡说："小鸡，是你捡到的吧！"

小鸡见天奇一下子就判断出是他捡到的钱包，疑惑地问："天奇警长，你是怎么知道的？"

天奇笑着说道："是你们画的图告的密啊！"

"图画也能告密？"

天奇解释道："这钱包是河马经理丢的，他在假山左边休息了一会儿，所以钱包肯定是他不小心丢在假山的左边，而小鸡你画的图正好是从假山左边看到的形状，所以我就推断是你捡到了钱包。"

"哦，原来是这么回事！"

**【挑战自我9】**

　　有一个正方体，每个面上分别写着1、2、3、4、5、6，有三个人从不同角度观察，结果如下图：

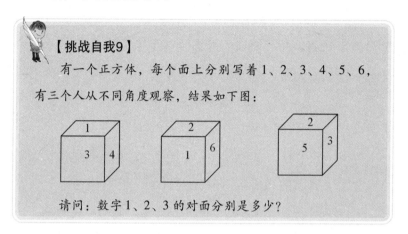

　　请问：数字1、2、3的对面分别是多少？

# 天奇巧惩花公鸡

　　"噼里啪啦……"孔雀的裁缝店开张了，孔雀做的衣服十分漂亮，森林居民们送来了一块匾："巧夺天工"。

　　森林居民们穿上孔雀做的衣服，一个个光彩照人，他们都说："你做的衣服太漂亮了。"

　　一天花公鸡走进裁缝店，东张张西望望，孔雀热情地迎上去问道："花公鸡先生，你要做衣服吗？"

　　花公鸡抬着他高傲的头说："我的衣服，你可能做不出来啊！"孔雀对自己的裁剪技术非常有信心，说道："只要你说出想要什么样的款式，我都能给你做出来！"花公鸡为了让店里的所有顾客都听到，特意提高嗓门说："一言为定，做不出来，我就砸了你的牌子！"

花公鸡说完，掏出一点儿钱扔在桌上说："这个月我要去30个城市表演，而且每次表演必须与上次表演的穿戴不同！"说完得意地走了。

"这么一点儿钱，做十套衣服都不够，这不是明摆着要占便宜吗？"大伙气愤地说道。

孔雀十分为难，做吧，明摆着要亏本，可是不做的话，花公鸡会砸了自己的招牌。万般无奈之下，他只能请求天奇帮忙。天奇特别痛恨这些爱占小便宜的家伙，他帮孔雀想出了一个好办法。

几天过去了，花公鸡来店里取衣服，孔雀拿出3顶帽子、4件上衣、3条裤子递给了花公鸡，说道："花公鸡，这是你的衣服！"

花公鸡气急败坏地叫嚷道："我要的是30天每天都有不同的穿戴，你怎么就做了这么几件衣服，我要砸了你的招牌！"

孔雀笑道："别急呀，你不是说30天每天穿戴不同吗？我可是完全按照你提的要求来做的。"说完画了一张图：

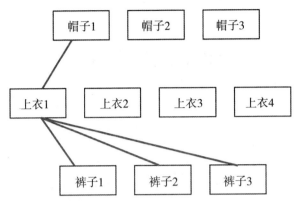

孔雀指着图解释道:"你先戴第一顶帽子,穿第一件上衣,每天换一条裤子,这样就有 3 种不同的穿戴。你如果换一件上衣,就又有 3 种不同的穿戴,依次类推,戴第一顶帽子就有 3 × 4 = 12(种)不同的穿戴,共有 3 顶帽子,所以一共有 12 × 3 = 36(种)不同的穿戴,保证你 30 天里每天的穿戴都不一样!"

花公鸡的脸红一阵白一阵,拿起衣服灰溜溜地走了。

**【挑战自我10】**

食堂今天提供 4 种荤菜,3 种素菜,2 种汤,小明想各买一样,请问共有多少种不同的买法?

# 天奇侦破骗赔案

在一个晴朗的早晨，森林动物城保险公司的电话铃急促地响了起来，熊猫经理拿起电话一听，原来是狐狸太太打来的："是保险公司吗？我投保的一批陶瓷被盗了，要索赔！"熊猫经理听后，心生怀疑，这狐狸太太前几天刚买的保险，怎么这么快就失窃了？他连忙驱车去找天奇来帮忙。

熊猫经理和天奇赶到狐狸太太那里，狐狸太太见熊猫经理一来便哭天喊地道："我这儿原来有满满一仓库的陶瓷，足足有五百箱，全给偷走了，你们要负责啊！"狐狸太太的话让熊猫经理心里一惊，心想："这要赔偿的话，可不是一笔小数目。"

机警的天奇见狐狸太太"光打雷不下雨"，眼中一滴眼泪也没有，根本不像伤心的样子，心想："这其中一定有诈！"于是他对狐狸太太说："为了尽快破案，我们必须了解一下情况，请狐狸太太把仓库门给我们打开，我要进行勘查！"

狐狸太太极不情愿地打开仓库门后说："抓不住小偷，你们就得赔偿！"

天奇进入仓库仔细地查看了一下，没有发现任何可疑的情况，于是测量了一些数据：仓库占地120平方米，高3米。天奇刚想退出仓库，发现墙角有一个破损的陶瓷，便问道："狐狸太太，这一定就是你投保的陶瓷吧，这么大的陶瓷，听说每

箱里就有 10 个，那存放的箱子一定不小吧。"狐狸太太连连点头："是的，每只箱子都是长 2 米、宽 0.6 米、高 0.75 米。"

狐狸太太怕夜长梦多，便对熊猫经理说："现场你们看了，现在就赔我保险金吧！"

天奇思考了一会儿，对熊猫经理说："现在就赔！"熊猫经理只好写了一张支票，狐狸太太见天奇帮自己说话，高兴地说："谢谢警长！"伸手想接过支票。

"嚓！"一副手铐戴在了狐狸太太的手上。天奇厉声责问道："这件被盗案是你自编自演的，你想骗保险金！"狐狸太太狡辩道："我没有啊！"天奇说道："从头到尾，你都在撒谎，你也不算算，这个仓库存放得下那么多陶瓷吗？"说完押着狐狸太太去了警察局。

在回去的途中，熊猫经理问道："天奇，你是怎么知道狐狸太太是骗保的？"天奇解释道："我假设仓库全部放满，能放 $x$ 箱陶瓷，列出方程：$2 \times 0.6 \times 0.75 \times x = 120 \times 3$，求出 $x = 400$，根本不可能存放五百箱陶瓷；再根据现场没有任何被撬的迹象，所以我断定这一定是狐狸太太自编自导的骗赔案！"

**【挑战自我11】**

　　把一个棱长为4厘米的正方体木块的表面涂上红色，然后切成棱长为1厘米的小正方体。在切成的小正方体中，三面涂色的小正方体、两面涂色的小正方体、一面涂色的小正方体、六个面不涂色的小正方体各有多少块？

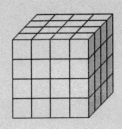

# 过期的蜂蜜

　　最近森林居民经常发生食物中毒事件，天奇接到报案后急忙来到森林医院，负责救治的鸡大夫指着一瓶蜂蜜说："天奇，许多森林居民就是食用了这种过期的蜂蜜而中毒的。"天奇为了防止中毒事件再次发生，当机立断道："禁止森林商店出售蜂蜜！"

　　第二天，黑熊经理跑到森林警察局里又哭又闹，要求警察局赔偿他的经济损失。原来，黑熊最近刚刚进回来一大批蜂蜜，损失非常大。

天奇心想："我还没有去找你，你却送上门来了。"他灵机一动，说道："黑熊经理，我们必须确定你的蜂蜜的品质是优良的，才能解除禁售令，你是否愿意带我们去看看你的商品？"

黑熊眼珠一转说："天奇警长，我的蜂蜜有很多，你总不会每瓶都打开检测吧，那样我就很难卖出去了。"

"当然不会了，我们就抽样检测！"

来到黑熊的仓库，好家伙，仓库里有好几十箱蜂蜜。鸡大夫打开箱子抽了几瓶检测了一下，蜂蜜的品质都是优。黑熊得意地说道："天奇警长，现在总该解除禁售令了吧！"天奇似乎没有听到黑熊的话，眼睛盯着箱子上的数字发呆。突然，天奇指着蜂蜜箱子说："把标有数字36、88的箱子打开检测一下！"

黑熊经理一听，急得当场就晕了过去，鸡大夫一检测，果然这两箱里的蜂蜜全是过期的产品。鸡大夫不解地问道："天奇，你怎么知道这两箱里的蜂蜜是过期产品呢？"天奇笑道："这都要怪黑熊自作聪明了，他以为我看不出他在箱子上做的手脚。"

天奇这么一说，鸡大夫就更纳闷了，他问道："这箱子上除了数字不同，没有什么区别啊？"

天奇解释道："正是这些数字帮了我，黑熊为了不让其他人看出哪箱蜂蜜是真的、哪箱是过期的，他在左边箱子上标出了：0、2、6、12、20、30、36、42、56、72、88、110、132……而这些数字的排列是有一定规律的，$0=0\times1$、$2=1\times2$、$6=2\times3$、

$12 = 3 \times 4$、$20 = 4 \times 5$……都是两个相邻整数的乘积，只有 36 和 88 除外。"鸡大夫恍然大悟："原来是这么回事啊，黑熊这家伙真是聪明反被聪明误！"

**【挑战自我12】**

按规律填上合适的数。

(1) 1、2、2、3、3、4、（　　　）、（　　　）。

(2) 4、6、10、16、26、（　　　）。

(3) 1、3、3、9、27、（　　　）。

(4) 2、5、14、41、122、（　　　）、1094。

# 金库被抢

一天，森林警察局里的报警器突然响了起来，警员小兔慌慌张张地跑来报告："警长，大事不好了，金库出事了！"

天奇立刻召集警员："全体集合，出发！"

天奇带领警察们赶到金库，只见金库大门被炸开了一个口子，存在里面的金砖全不见了，黄狗保安倒在地上。

天奇给黄狗保安喂了点水，黄狗慢慢睁开眼睛，天奇问道："黄狗，是谁干的？他们来了多少人？"黄狗奄奄一息地说："他们蒙着脸，把我打晕了，具体来了几个，我也不清楚。隐隐约约我好像听到他们说，每人分 20 块，就有 2 个人分不到。后来他们互相打了起来，最后他们平均每人分 15 块，正好分完！"

天奇根据黄狗的描述，很快就推算出参与这次抢夺的强盗共有 8 名，共抢走了 120 块金砖，"这伙强盗，竟然有 8 个成员，还抢走了 120 块金砖！"

黄狗点点头说："对，金库里是有 120 块金砖！警长一定要帮我们找回来啊。"

警员小兔很纳闷，问道："警长，你是怎么知道有 8 名案犯，还抢走了 120 块金砖呢？"

"根据黄狗提供的线索：每个案犯分 20 块，有 2 名案犯没分到，就少了 40 块；后来平均每人分 15 块，正好分完，用 40 ÷（20－15）＝8（名），然后再用 15×8＝120（块）。"

天奇对现场进行了细致的勘查，发现了一条线索，那就是一小撮狼毛。他马上下令："立刻包围狼的家，这一小撮狼毛，肯定是他们分赃不均时打斗留下的。"

来到狼窝，大灰狼这家伙正在家里做美梦呢，在他家里果然搜出了 15 块金砖。在天奇警长的审讯下，灰狼供出了另外 7 名案犯。

天奇说道："坦白从宽，抗拒从严！"

灰狼垂头丧气地说："我交待，参加抢劫的还有狐狸、老虎、河马……"

【挑战自我13】

妈妈带的钱买5盒巧克力，可剩余18元，如果买6盒巧克力，还缺12元。请问：每盒巧克力多少元？妈妈带了多少钱？

# 狐狸医院

一天清晨，小猴的妈妈得了急病，可家里一分钱也没有，小猴急得哭了起来。

"咚咚咚"，传来了敲门声。

"小猴，快把你妈妈送到我的医院去看病吧！"狐狸在门外说道。

"可是我家一分钱也没有啊！"小猴如实地说道。

"不要紧，你可以在我的医院里打工，来抵你妈妈的医药费。"狐狸显得十分热心。

狐狸安排了许多事情给小猴干，小猴每天都从天不亮一直忙到天黑。猴妈妈住在狐狸的医院里，整整一个月下来，病情才有了好转。

一个月后，狐狸对小猴说："这个月，你妈妈一共用去医药费712元，扣除你在我医院打工的工资424元，你还欠我398元。"说完，狐狸还特意列了个竖式：

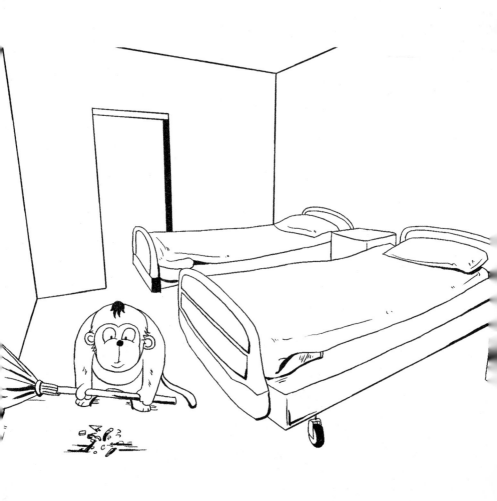

$$\begin{array}{r} 7\quad1\quad2 \\ -\ 4\quad2\quad4 \\ \hline 3\quad9\quad8 \end{array}$$

狐狸指着竖式说："小猴你看，7减4等于3，十位不够减需从百位退1，11-2=9，个位也不够减，从十位退1，12-4=8。"

小猴感到狐狸的算法有问题，可又找不出问题在哪里，他只好背着妈妈，拿着欠条回家了。半路上，正好碰到了鸡大夫，他便把事情的经过讲给鸡大夫听。

鸡大夫怒道："可恶的狐狸，他的算法是错的，多位数减法，应该从个位开始算起，正确的结果是288。"

小猴这才恍然大悟。

鸡大夫又说道："一个月前，有许多森林居民突发急病，经过调查，有人发现当天晚上狐狸在水井里投了药，我正要去警察局报案呢！"

小猴恨得咬牙切齿："这个坏狐狸，为了赚钱竟然在水井里下药！"

很快，森林警察接到报案，天奇多方取证，获得了确凿的证据，把狐狸抓捕归案。狐狸的医院也被查封了，猴妈妈在鸡大夫的治疗下，很快恢复了健康。

【挑战自我14】

有两筐桃子,第一筐比第二筐多60个,如果从第二筐中取出3个,这时第一筐的个数是第二筐的8倍,求两个筐里原来各有多少个桃子?

# 有作案时间吗

一天早晨,天奇正在吃早饭,"咚、咚……"传来敲门声。天奇打开门一看,原来是刚结婚不久的金丝猴莎丽小姐。只见莎丽头发还是湿湿的,脸上的水珠分不清是泪水还是汗水,哭哭啼啼地说:"天奇,我的结婚钻戒不见了。"说完又开始呜咽起来。

天奇安慰道:"你坐下来慢慢说,究竟是怎么回事?"

"今天早上洗头时,我怕钻戒刺了头,就摘下来放在客厅里。等我洗完头出来,发现我的钻戒不见了,前后不到五分钟时间。"

天奇立刻打开莎丽家附近的监控录像查看,发现上午没有可疑人员从莎丽家前后经过。天奇警长心想:"现在作案可能性最大的就是莎丽的邻居。"天奇扶起莎丽说:"走,我们到现场去勘查一下!"

来到莎丽家里，天奇做了细致的勘查，没有发现案犯留下任何痕迹。天奇问道："莎丽，你家左右两边的邻居是谁?""我家左边是熊猫阿姨家，她们一家昨天就到外地旅游去了；右边是开茶店的袋鼠大姐。"天奇听后，来到莎丽家右边的围墙脚下，再次进行了勘查，发现地面上有轻微涂抹的痕迹，于是天奇走进了袋鼠大姐的茶店。

袋鼠见天奇警长来了，连忙说："欢迎！欢迎！不知警长大人光临，想喝点什么茶?我这里有龙井、铁观音、雀舌、青峰……"袋鼠介绍起自己的茶。

"我不是来喝茶的，你知不知道你的邻居莎丽今天上午丢了钻戒?"

袋鼠立马板起脸说："警长，你不会怀疑是我偷了钻戒吧！今天上午我可是一刻也没有离开我的小店，我有证人的。"只见茶店里的好多客人纷纷点头道："今天上午袋鼠为我们烧水、洗杯、泡茶，真没离开过小店。"

天奇找了位茶客问道："袋鼠一分钟也没有离开你们?"

"我们6点钟到时，她在厨房里待了有20分钟，后来我们就一直聊天，没有离开过。"

天奇又问袋鼠："你待在厨房里20分钟都干了些什么?"

"我可是一分钟也没有闲着，洗开水壶用去1分钟、烧开水用去15分钟、洗茶壶用去1分钟、洗茶杯用去2分钟、拿茶叶用去1分钟，天奇警长，你看我就是想作案，有时间吗?"

天奇听完后厉声说道："我现在有足够的证据证明是你作

的案！从墙脚的脚印、录像的影片、作案的时间，都能证明是你偷了莎丽的钻戒。"袋鼠狡辩道："我没有作案时间！"

天奇领着大家来到墙脚，轻轻拨开地面上的沙土，只见袋鼠的脚印清晰可见，大家不解地问道："可是她没有作案的时间啊？"

天奇说道："袋鼠可以在烧开水时跳出窗口，利用四五分钟时间进行作案，然后再洗茶壶、洗茶杯、拿茶叶。"大家恍然大悟！

"嚓！"天奇给袋鼠铐上了手铐，人们果然在袋鼠胸前的口袋里找到了莎丽丢失的那枚结婚钻戒。

**【挑战自我15】**

　　贴烧饼的时候，第一面需要烘3分钟，第二面要烘2分钟，而贴烧饼的架子上一次最多只能放2个烧饼，要贴3个烧饼至少需要几分钟？

# 小山羊被绑架

一天傍晚，老山羊爷爷拄着拐杖来到天奇的办公室，哀求道："天奇警长，快救救我们家的小山羊吧！"

"山羊爷爷你别急，小山羊出什么事了？"山羊爷爷颤抖着从口袋里掏出一张纸条递给天奇后说："这是刚刚从我家门口发现的。"

天奇打开纸条，发现里面包着一小撮小山羊身上的毛，纸条上面写着：

> 老山羊：
>
> 　　限你今晚筹集 x 枚金币，送到森林宾馆 y 号房间，否则我们将吃掉小山羊！
>
> 数学狼
>
>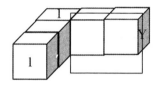
>
> （每个正方体的六个面上分别写着数字 1~6，任意两个相对的面上所写的两个数字之和是 7，紧挨着的两个面上两个数字之和是 8。x 代表五个正方体所有面上的数字之和，y 表示房间号码。）

"数学狼是谁？这坏家伙的胃口挺大，一下子就敲诈 105 枚金币。"

"金币我准备好了，可不知 y 号房间是几号？"天奇想了想说："根据纸条上的要求，y 应该表示 3 号房间！"

山羊爷爷担心地问道："天奇，不会找错房间吧？"

"不会错的！根据他的条件，从前往后看，1 的对面是 6，与 6 紧挨的面是 2，2 的对面是 5，与 5 紧挨的面是 3，3 的对面是 4。由于从前往后数，第三个正方体的上面是 1，所以 1 的对面是 6，那还剩两个面，一定是 2 和 5；如果第三个正方体的左面是 5，就不符合要求，所以左面只可能是 2。以此推导，$y$ 表示的一定是 3！"

天奇为了防止自己的身份被数学狼认出来，他特意穿上了便衣，和山羊爷爷分头行动，直奔森林宾馆。山羊爷爷救人心切，一到森林宾馆，他就带着金币单独来到 3 号房间的门口。山羊爷爷敲了敲门，房间里没有人来开门，山羊爷爷破门而入，只见小山羊被绑在椅子上，身上还绑了定时炸弹。由于金币太沉，山羊爷爷只能把金币放在房间里，自己背起小山羊出门寻找天奇警长。

当天奇警长赶到时，山羊爷爷说道："快救救小山羊吧，他身上有炸弹。"天奇一看，这枚炸弹很特别，是一枚数学炸弹，唯一破解的办法是正确输入数学题的结果。只见数学炸弹显示屏上有这样一个算式："羊×狼×羊狼＝狼狼狼，羊和狼各代表一位的自然数，请输入羊＝（　　　），狼＝（　　　）。"眼看定时的数学炸弹所剩的时间不多了，小山羊急得呜呜地哭了起来，天奇摸着小山羊的头说："别怕，我一定能破解这枚炸弹！"

天奇认真地思考了起来：羊×狼×羊狼＝狼狼狼，羊和狼都表示一位的自然数，那等号两边可以同时除以狼，羊×狼×羊狼÷狼＝狼狼狼÷狼，就变成羊×羊狼＝111，而 111 只能

分成 $1 \times 111$ 和 $3 \times 37$ 两个乘法算式，从中可知羊表示3，狼表示7。想到这里，天奇自信地输入羊=3、狼=7，果然炸弹上的时钟不再跳动了，数学炸弹被破解了！

这时，山羊爷爷想起金币还留在3号房间里，当他们来到3号房间时，金币不见了，台上留有一张纸条，上面写着："感谢你们送来的金币，数学狼。"

天奇气愤地叫道："数学狼，我一定要抓住你！"

---

**【挑战自我16】**

以下是和故事中相类似的问题：

在每一个小正方体的六个面上分别写着1、2、3、4、5、6这六个数，并且任意两个相对的面上所写的两个数的和等于7。现把5个这样的正方体一个挨着一个地连接起来，在紧挨着两个面上的两个数之和都等于8，那么图中打"?"的这个面写的是（　　　　）。

---

## 抓捕数学狼

天奇得到线报，数学狼会带领鼹鼠在10月5日那天抢劫森林粮仓，大奇立刻在森林粮仓的四周布下了天罗地网。

晚上，大批的鼹鼠悄悄地通过事先打通的地道，从粮仓里盗出大量的粮食，可当他们准备离开时，被事先埋伏的警员们一网打尽。可是自称为"数学狼"的家伙却没有出现，天奇决定从自称为数学狼军师的"通天鼠"入手。在审讯室里，天奇翻看通天鼠身上的手机，可是什么有用的信息也没查到，通天鼠十分嚣张："扣押不能超过24小时，没有证据，你们必须放人！"这时通天鼠的手机传出短信铃声，天奇打开一看，上面写着：

朝：

**请在火车站候车室8排8座等候。**

"这条短信，你如何解释？"天奇问道。

狡猾的通天鼠大笑道："我的大探长，这还用解释吗？是我的一位朋友让我去火车站接他！"

天奇觉得这其中有蹊跷，因为通天鼠的名字中没有"朝"这个字，而且候车室的长凳也不排号。

天奇踱着方步，思考了一会儿，兴奋地说道："我知道其中的秘密了！把'朝'字拆开，正好是十月十日，又有早晨之意，那8排8座，应该指的是火车到站或接头的具体时间，8时8分。"

十月十日早晨8时8分，天奇假扮成通天鼠的样子，等待数学狼的出现。没想到，数学狼没有亲自来，而是派了一个手下匆匆扔下一张纸条就走了，纸条上写着：

○ − ◎ = 15，○ × ◎ = 16，○ ÷ ◎ = 16，○ + ◎ = 17。请于○日凌晨◎时在◎号码头接货。

天奇笑道："哈哈，狐狸的尾巴终于露出来了，这次我一定要人赃俱获！"

白兔警员不解地问道："警长，这两个符号各代表什么意思？"

天奇解释道："○表示16，◎表示1，意思是说16日凌晨1时在1号码头接货。"

16日凌晨1时，1号码头与平时没什么两样，只是在码头上几个废弃的集装箱里藏着真枪实弹的森林警察。

"嘟、嘟……"一阵马达声后，一艘货船靠岸了。乔装打扮的天奇警长手一挥，森林警察们一拥而上，把前来交货的罪犯抓了起来，狡猾的数学狼潜水跑了。

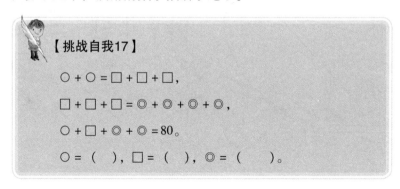

【挑战自我17】

○ + ○ = □ + □ + □，

□ + □ + □ = ◎ + ◎ + ◎ + ◎，

○ + □ + ◎ + ◎ = 80。

○ = （　　），□ = （　　），◎ = （　　）。

# 炸弹在哪路车上

森林里平静一段时间后，一辆森林公交车的爆炸，再次引起森林居民们的恐慌。经过多方调查，天奇发现这起爆炸案是恐怖分子所为，经过反复排查，目标再次锁定在数学狼身上。

一天，侦察员得到一个可靠消息：数学狼又在几辆公交车上放了炸弹，目前正住在森林郊区宾馆 111 房间。天奇警长立刻组织警力包围了该宾馆，当天奇闯进 111 房间时，发现数学狼拿着一张纸正准备烧掉，天奇一把夺过来，发现上面写着一首诗：

122 计划

重重叠叠山，

曲曲环环路。

叮叮咚咚泉，

高高下下树。

"铐起来！"天奇厉声说道。

"警长，还有四颗定时炸弹即将爆炸，如果你不想让你的居民被炸死，就放了我！"数学狼不但不交代，还和天奇讨价还价起来。

天奇心里也十分矛盾，如果不放了这个坏家伙，将会有更多的无辜居民受到伤害，可是放了这家伙，今后他会利用更大的阴谋来威胁森林。

天奇拿着那张纸思索起来，房间里静得可以听见心跳声，大伙都为天奇捏了一把汗。

"我知道了！迅速通知防爆组，检查61号、73号、85号、97号公交车。"天奇当即命令道。

数学狼听到这话，立刻像泄了气的皮球，瘫坐在地上，嘴里喃喃自语道："不可能，这绝不可能。"

白兔警员也感到不可思议，凭一首诗怎么会知道车号呢？"警长，你是怎么知道的？"

天奇写了下面四个竖式：

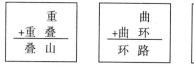

"我们可以把这四个算式用一个统一的模式来表示：

$$
\begin{array}{r}
A \\
+A\ \ B \\
\hline
B\ \ C
\end{array}
$$

由这个算式可知 A + B 满 10，而且 A + 1 = B，A、B 为连续的自然数，满足条件的有 5、6、6、7、7、8、8、9。

因此这四个算式分别为：

$$
\begin{array}{r}
5 \\
+5\ \ 6 \\
\hline
6\ \ 1
\end{array}
\qquad
\begin{array}{r}
6 \\
+6\ \ 7 \\
\hline
7\ \ 3
\end{array}
\qquad
\begin{array}{r}
7 \\
+7\ \ 8 \\
\hline
8\ \ 5
\end{array}
\qquad
\begin{array}{r}
8 \\
+8\ \ 9 \\
\hline
9\ \ 7
\end{array}
$$

因此，黄鼠狼肯定把炸弹放在了 61 号、73 号、85 号、97 号车上了。"

天奇成功破案，数学狼被逮捕，森林又恢复了往日的平静。

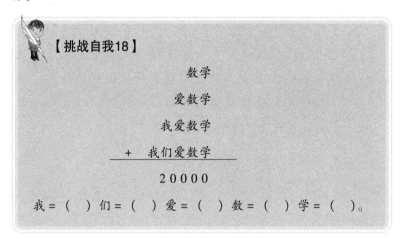

**【挑战自我18】**

$$数学$$
$$爱数学$$
$$我爱数学$$
$$+ \quad 我们爱数学$$
$$\overline{\phantom{+ \quad 我们爱数学}}$$
$$2\,0\,0\,0\,0$$

我 =（　　）们 =（　　）爱 =（　　）数 =（　　）学 =（　　）。

# 数学王子破案记

　　矮人国的国宝——皇冠被人偷了，由于大盗留下的线索很少，只能求助于数学国帮忙破案，数学王子罗机凭借超强的逻辑推理能力，与大盗斗智斗勇，终于帮助矮人国拿回了皇冠。

# 小王子临危受命

"丁零零……"数学国的电话铃急促地响了起来，电话里传来矮人国国王的声音："数学国王您好，最近我国接二连三地发生案件，作案人善于算计，请贵国速派一位数学高手前来帮助破案……"

在数学王国里，老国王的数学水平最高，可他年事已高，再加上国家事务也比较多，于是他选派数学小王子罗机前往破案。

小王子乘飞机来到矮人国，刚打开机舱，一股刺骨的寒风钻了进来，罗机王子打了个冷战，急忙缩了回去，打开海拔与温度仪一看，上面显示海拔"＋2500米"、温度"－10℃"。

小王子罗机后悔自己没有做好准备，自言自语道："要是带件大衣来就好了！"

"吱……"机舱外传来紧急刹车声，只见从车里走下来一个身高只有120厘米的胖老头，他的全身都裹在裘皮大衣里，远远看上去就像一个毛球在地上滚。

胖老头就是矮人国的国王，他紧紧拉住罗机的手说："你就是罗机王子吧，破案的事可就全靠你了！"

"放心吧！我一定帮贵国抓住罪犯，不过你先得帮我找件大衣！"王子说道。

矮人国国王见罗机还穿着夏天的衣服，内疚地说道："电话里忘记提醒了，贵国现在是夏天，可我们这里已经是冬天了！"说完给罗机找了件最大号的风衣，可风衣穿在身高170厘米的罗机王子身上就像一件夹克。

罗机王子来到皇宫，矮人国警长司马介绍道："罗机王子，我们的监控录像只拍到了这个罪犯的背影，除了身高以外我们一无所获。"

罗机王子仔细查看了当天的录像后指着案犯的鞋说："就从鞋开始调查！"

司马警长为难地说道："在我国，穿这种鞋的人太多了，这好比是大海捞针啊！"

罗机王子又补充说道："我们要去各商场询问，看看最近有哪位顾客购买了尺码为21厘米左右的特大号的黑色软底运动鞋。"

几个小时后，他们终于在一家城郊小超市获得了有价值的信息，售货员说："三天前，有一位个子很高、操着外地口音的男子买了一双尺码为21厘米的特大号运动鞋。"

"这男子还有其他特征吗？"罗机追问道。

售货员想了想说："没看清，只记得这男子戴着一个大口罩，眼角下方有一条可怕的刀疤。"

罗机王子叹了口气说道："终于弄明白了，这案犯就是目前国际警察通缉的大盗刀疤脸！他年轻时曾在我国进修过数学，没想到他现在却用自己所学的知识祸害百姓，我一定饶不了他!"

"你的记忆力真好，还记得他穿 21 厘米的鞋。"司马说道。

罗机笑道："21 厘米是我根据他的身高算出来的，从录像中我断定他的身高为 147 厘米左右，而一个人的身高一般来说是他鞋长的 7 倍，假设他鞋长为 $x$ 厘米，那 $7x = 147$，$x = 21$。"

**【挑战自我1】**

从前，法国有位数学家叫伽罗瓦。一天，伽罗瓦得到了一个伤心的消息，他的一位老朋友鲁柏被人刺死了，家里的钱财被洗劫一空。而女看门人告诉伽罗瓦，警察在勘查现场的时候，看见鲁柏手里紧紧捏着半块没有吃完的苹果馅饼。女看门人认为，凶手一定就在这幢公寓里，因为出事前后，她一直在值班室，没有看见有人进出公寓。可是这座公寓共有四层楼，每层楼有 15 个房间，共居住着一百多人，这里面到底谁会是凶手呢？伽罗瓦把女看门人提供的情况前前后后分析了一番：鲁柏手里捏着半块馅饼，是不是想表达什么意思呢？伽罗瓦忽然想到：馅饼，英文里的读音是"派"，而"派"正好和表示圆周率的读音相同，他立刻调查编号为（　　）的房间里房客的情况，果然查到了真正的凶手。同学们，你知道这房间号是多少吗？

# 交易地点

这次刀疤脸盗窃的是矮人国国王的皇冠，在这顶皇冠上镶嵌着一颗400克拉的大钻石，仅这颗大钻石就价值连城。

"刀疤脸偷皇冠绝不可能自己戴，他一定急于脱手卖出去，现在严密监视一切可疑的电话、手机短信、电子邮件……"罗机根据自己的推断，提出了下一步侦破方案。

侦破局信息科利用现代化的侦察手段获得了一条重要信息：有位身高170厘米、留着小平头的外地人已经进入矮人国并准备出重金购买皇冠。

几个小时后，小平头被带进了侦破局。"你们凭什么抓我？我是合法商人！"小平头狡辩道。

"搜！"司马警长一声令下。

"报告警长，搜到一张交易地点的图纸！"一位警察说道。

罗机王子打开图纸一看，上面写着：

小平头，请到（2，5）宾馆取地图，再到（5，5）茶楼喝杯茶，再到（5，3）报亭买张报纸，再到（2，3）商店换身白色衣服，再到（2，1）花店买束红玫瑰，最后到（5，1）公园门口，有人会和你接头。

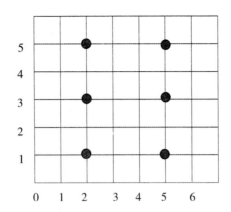

罗机王子把证据摆在小平头面前，严肃地说："你还想要赖？"

小平头低下头，求饶道："我一定协助你们破案，争取宽大处理！"

罗机说："你按原定交易路线走一趟，我们的人会在暗中保护你，你的任务就是把刀疤脸引出来！"

当小平头最后到达公园门口时，一个矮个子扔给他一张纸条就消失在人群中。

埋伏在暗处的警察问道："要不要追？"

罗机："不要，看了纸条再说，千万别打草惊蛇！"

只见纸条上写着：

到：1. 假日宾馆，2. 温泉宾馆，3. 度假宾馆，进行交易。

"怎么有三个交易地点？"司马警长纳闷了。

罗机看完纸条后，立刻说道："去温泉宾馆！"在去温泉宾馆的路上，司马问道："你能确定？"罗机笑道："你把小平头走的路线图连一下就明白了!"

【挑战自我2】

侦察员小王得知犯罪分子把抢劫来的钱财都放在一个密码箱里,可他从罪犯身上只搜到一组数据,你能根据这组数据找出密码箱的密码吗?(1,4)(3,4)(3,2)(1,2)(1,0)(3,0);(9,4)(7,4)(7,2)(9,2)(9,0)(7,0)。

# 数学炸弹

罗机王子带领矮人国的警察悄悄包围了温泉宾馆,小平头想将功赎罪,主动提出独自进宾馆与刀疤脸交易,然后再来个人赃俱获。

司马警长和小平头约定,交易成功后打开一扇窗作为暗号。

小平头见这么多便衣警察暗中保护自己,便放心大胆地进入了宾馆。过了好长时间,仍不见小平头开窗示意,罗机王子担心道:"可别让这两个家伙跑了!"司马警长自信地说道:"宾馆被我们围了个水泄不通,别说是个大活人,就是一只苍蝇也飞不出去!"

罗机仍不放心,化装成服务员进入宾馆,推开房间门一看,哪还有刀疤脸的影子。只见小平头被绑在椅子上，嘴里塞着毛巾，身上还绑着一个像计算器一样的东西。罗机拿掉塞在小平头嘴里的毛巾后问："刀疤脸呢？"小平头哭丧着脸说："快！快！帮我解开这个炸弹！"

罗机知道这是数学炸弹，没有正确的密码是无法解开的。小平头着急地说："台上有刀疤脸留的电话号码，你快打个电话问问！"

罗机看到台上一张纸，上面写着：

电话号码的第一位是最小的奇数，第二位是素数中最小的奇数，第三位是 2 和 8 的最小公倍数，第四位到第十一位上的数字是 15 和 20 的最小公约数。

罗机立刻拿起电话，拨入了 13855555555，话筒里传来了刀疤脸得意的笑声："哈哈，你一定是矮人国请来的数学高手吧，提醒你，数学炸弹还有两分钟就爆炸，解开它的密码很简单，是两个两位数的和，这两个两位数的最大公约数是 8，最小公倍数是 144。"说完就挂断了电话。

罗机想了几秒钟后断定道："密码是 88！"

小平头听说会爆炸，头上直冒冷汗，哀求道："罗机王子，你可千万别出错！"罗机见时间快到了，来不及解释，输入了 88。数学炸弹上闪烁的红灯不亮了，数学炸弹被解除后，小平头心有余悸地问道："罗机王子，你是怎么算出来的？"

罗机解释道：假设这两个数分别为 A 和 B，由于 A、B 的最大公约数是 8，所以 A = 8a，B = 8b，又由于 A、B 的最小公

倍数是 144，所以 $8 \times a \times b = 144$，$a \times b = 144 \div 8 = 18$。哪两个数的乘积是 18 呢？$18 = 1 \times 18 = 2 \times 9 = 3 \times 6$，根据题意，两个两位数，最大公约数为 8，最小公倍数为 144，只有 $a = 2$，$b = 9$ 时符合题意，求出这两个两位数分别是 $A = 16$ 和 $B = 72$，相加的和为 88。

**【挑战自我3】**

父子两人在雪地上散步，父亲在前，每步走 80 厘米，儿子在后，每步走 60 厘米，其中儿子有一些脚印与父亲重合，父子两人在 120 米内一共留下了多少个脚印？

# 皇冠藏在哪里

刀疤脸从温泉宾馆的下水道逃走后，像是从人间蒸发了似的，不见了踪影。罗机知道刀疤脸特征明显，便请来了画家，让画家根据小平头的描述画出刀疤脸的肖像，全国通缉。

俗话说："法网恢恢，疏而不漏！"再狡猾的强盗也逃不脱人民的眼睛。三天后，罗机获得了一条很重要的信息，一位居民说，三天前一位戴大口罩的可疑分子租了他的一间老房子，正在装修。

罗机王子带领警察包围了这幢老房子，抓住了一位自称是刀疤脸请来的装修工。经过仔细勘查后，发现厨房的一面墙是空心的。

罗机："砸开它！"

只见那位装修工吓得瘫坐在地上，连忙说："别砸，这面墙我设置了密码，如果你们砸错了，里面的炸药就会爆炸！"

罗机围着装修工转了几圈，突然伸手扯下了装修工脸上的一张假面具，装修工露出了真面目，原来他就是刀疤脸。刀疤脸自知刚才说漏了嘴，悔得脸都青了。

罗机厉声问："密码是什么？"

刀疤脸得意地说："想知道密码，你得自己动脑，墙上有一组花纹瓷砖，这组花纹瓷砖在这面墙上的所有贴法就是答案。"

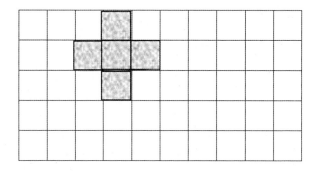

罗机想了想说："这个图案从左往右有 8 种不同贴法，从上往下有 3 种不同贴法，一共应该有 $3 \times 8 = 24$（种）不同贴法。"

刀疤脸见罗机这么快就求出了结果，知道遇到数学高手了，只好说道："第二排，从左往右数第 4 块。"

罗机砸开一看，里面有一张纸条，上面有一个图和一行字：五块瓷砖上数字的和是135，中间一块便是！

| 1 | 2 | 3 |  | 5 | 6 | 7 | 8 | 9 | 10 |
|---|---|---|---|---|---|---|---|---|----|
| 11 | 12 | | | | 16 | 17 | 18 | 19 | 20 |
| 21 | 22 | 23 | | 25 | 26 | 27 | 28 | 29 | 30 |
| 31 | 32 | 33 | 34 | 35 | 36 | 37 | 38 | 39 | 40 |
| 41 | 42 | 43 | 44 | 45 | 46 | 47 | 48 | 49 | 50 |

刀疤脸对自己的杰作十分得意，歪着脑袋，一副事不关己的样子，罗机自信地拿起大锤，一下子就把第三排从左往右数的第7块瓷砖砸碎了，果然从里面找到了失窃的皇冠。

**【挑战自我4】**

把1至9这九个数字填写在下图正方形的九个方格中，使得每一横行、每一竖列和每条对角线上的三个数字之和都相等。

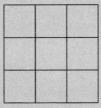

# 兔子白雪从警记

　　兔子当警察，大伙肯定不敢相信，因为在动物城的历史上从没有小动物当过警察。兔子白雪为了自己的理想，克服了一切困难，不仅成功地当上了警察，还和另一个小伙伴红狐狸令狐聪破获了动物城最大的阴谋。

# 丰收的胡萝卜

在一片碧绿的胡萝卜田里，兔子白雪正帮助父母拔胡萝卜。

"今年的胡萝卜又大又粗，每千克至少也得卖 2.5 元！"白雪的爸爸开心地说道。

"对，这样白雪读护士学校的学费就不用愁了。"白雪的妈妈长叹了一口气，好似心里的一块石头落地了。

"吱嘎"一声，精明的胡萝卜饼店的猴老板金毛跳下他的大货车，满脸堆笑道："嘿，老白，上次跟你谈收购的事，你想的如何了？咱们可是老朋友了，这块地的胡萝卜，卖 15000 元，你可是赚大发了。"

"白雪他爸，我觉得这个价不错，去年我们才卖了 12000 元！"妈妈在一旁提醒道。

"去年产量低，品质差，所以价格卖得低。"老白回道。

"怎么样，把合同签了，这钱就归你了！"金毛故意拿出一叠钱摆在白雪父母面前。

"快签吧！签了白雪的学费就够了。"

老白拿起笔刚想签字，站在一旁的白雪立刻说道："爸爸，这字你不能签，这块地的胡萝卜至少能卖 25000 元！"

"小家伙，你凭什么说能卖 25000 元？"

白雪把一筐胡萝卜放到秤上一称，说："这大约是 1 平方米地里产的胡萝卜，足足有 25 千克，我们家这块地是一个梯形，上底长 50 米，下底长 150 米，高 50 米，面积是（50 + 150）×50÷2 = 5000（平方米），那总产量就有 25 × 5000 = 12500（千克），按每千克 2.5 元计算，那就是 31250 元。"

"金毛叔叔，你要是全要了，我们按每千克 2 元卖给你，也就是 25000 元。"白雪补充道。

"这小家伙是谁？"眼看金毛的收购就要成功了，没想到跳出来一个小家伙把自己的好事给搅黄了。

"这是我们的女儿，刚从外地学习回来！"老白得意地说道。

白雪挑起一根大胡萝卜咬了一口，得意地说道："金毛叔叔，这么好的胡萝卜，可是很难买到的哦！"

金毛咬咬牙说道："好，25000 元，成交！"

回到家，老白高兴得不得了，一来是胡萝卜卖了个好价钱，二来是自己的宝贝女儿有出息了。

白雪见机会成熟了，拿出一张纸说道："爸爸，这是我的录取通知书，需要你签个字。"老白接过通知书看也没看，唰唰唰就签上了大名。

"谢谢老爸！我终于可以当警察喽！"白雪一把夺过通知书，兴奋得又蹦又跳。

"咦？不是说进护士学校吗，怎么成了警官学校了？"老白这才发现上当了。

白雪的妈妈听到后惊叫道："噢，天哪，兔子当警察，你将面对的是狡猾的狐狸、凶狠的狼……"

"妈妈，当警察是我的人生理想。"白雪铁了心要当警察，九头牛也拉不回来。

白雪妈妈一边帮白雪收拾东西，一边絮絮叨叨个不停："白雪，这是你最爱吃的胡萝卜，这是防身的辣椒水……妈妈真的放心不下。"

"妈妈，我长大了，所有的困难我都能克服！"白雪实在受不了妈妈的唠叨。

白雪独自背着行李来到了警官学校的大门口。"嘿，小不点，到别处玩。"身着铠甲的犀牛警卫指着白雪叫道。

"首先我要纠正你一下，我不叫小不点，也不是来玩的，我是来报到的！"说完白雪拿出录取通知书在犀牛眼前晃了晃，自豪地向校内走去。

"兔子当警察？这绝对是爆炸性的新闻！"

【挑战自我1】

下图是由两个正方形拼成的图形，其中小正方形的边长是 4 厘米，求阴影部分的面积是多少？

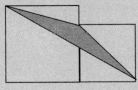

# 优秀毕业生

素有"地狱阎王"之称的狮子教官柯鲁的训练是出奇地严格，他制订的十八项训练科目被学员们称为"十八层地狱"，能顺利通过这些科目的学员只有 10% 左右。

"不在训练场上流汗，那你就会在岗位上流血。"这是柯鲁的口头禅，每当看到坚持不住的学员，他总是指着操场中央的一面鼓说："敲响它，你就能背包回家！"

超负荷的训练让一部分学员开始偷懒，清晨的出操经常有人不参加。一天清晨，二千多位学员站在操场上，柯鲁教官命令道："清点人数，不出操者，开除回家！"

可面对二千多学员，清点人数可是一件麻烦的事情。

"我们共有 2345 名学员，谁能查出今天有多少学员没来出操？"

"报告教官，我有办法！"白雪大声回道。

白雪手举令旗，学员们排成了三路纵队，有一路纵队多出 2 人；白雪又举起令旗，学员们变换阵型，排成了五路纵队，结果多出了 3 人；白雪令旗一举，学员们排成了七路纵队，结果多出了 2 人。

白雪心中默默一算，说："今天出操的学员是 2333 人，有 12 人未到！"

"把这 12 个家伙给我从宿舍里找出来，让他们背包回家！"

出操结束后，柯鲁问道："白雪，你没有挨个去数，如何知道学员的数量？"

白雪解释道："一个数除以 3 余 2，除以 7 也余 2，所以这个数肯定除以 21 也余 2，那这个数可以看成 $21x + 2$。由于这个数除以 5 余 3，我们会发现当 $x = 1$、6、11、16、21……时都满足这个条件，其中的规律是每隔 5 就满足这个条件，而且 $x$ 的末尾肯定是 1 或者 6，最后只要用 $21x + 2 = 2345$，求出 $x = 111.6$，取整数为 111，用 $21 \times 111 + 2 = 2333$（人）。"

十八项科目，白雪凭借超人的毅力不仅坚持了下来，还不断地创造出一个个警官学校的奇迹。

射击比赛，白雪 10 发 10 环获得第一。

格斗比赛，白雪凭借自己灵活的身体，巧妙地击败了凶狠的黑熊。

负重长跑，白雪背负超过自身重量的物体，轻松获得冠军。

跳伞项目，白雪最后一个拉开降落伞，第一个成功降落在指定区域。

排爆项目，白雪以最短时间排除炸弹获得第一。

……

三年的时间很快就过去了，在毕业典礼上，柯鲁教官亲自给白雪颁发了优秀学员毕业证和荣誉勋章。

【挑战自我2】

故事中的数学知识是我国著名的算术题目"韩信点兵"。

韩信点兵的计算方法，又被称为"孙子定理""鬼谷算""隔墙算""剪管术""秦王暗点兵""物不知数"等，它是中国古代数学家的一项重大发明，在世界数学史上也有重要的地位。在西方数学史上，它被称为"中国剩余定理"或"中国余数定理"。

最早提出并记叙这个数学问题的，是《孙子算经》中的"物不知数"题目。

题目："有物不知其数，三三数之剩二，五五数之剩三，七七数之剩二。问物几何?"用现代语言这样表述："一个正整数，被3除时余2，被5除时余3，被7除时余2，如果这数不超过100，那么这个数是多少?"

《孙子算经》中给出这类问题的解法用现代汉语来说明，就是：首先找出能被5与7整除而被3除余1的数70，被3与7整除而被5除余1的数21，被3与5整除而被7除余1的数15。所求数被3除余2，则取数 $70 \times 2 = 140$，140是被5与7整除而被3除余2的数。所求数被5除余3，则取数 $21 \times 3 = 63$，63是被3与7整除而被5除余3的数。所求数被7除余2，则取数 $15 \times 2 = 30$，30是被3与5整除而被7除余2的数。又，$140 + 63 + 30 = 233$，由于63与30都能被3整除，故233与140这两数被3除的余数相同，都是余2。同理，233与63这两个数被5除的余数相同，都是3，233与30被7除的余数相同，都是2。所以233是满足题目要求的一个数。而3、5、7的最小公倍数是105，故233加减105的整数倍后被3、5、7除的余数不会变，从而所得的数都能满足题目的要求。由于所求仅是一小队士兵的人数，这意味着人数不超过100，所以用233减去105的2倍得23即是所求。

# 小小交通警

在警校办公室里，柯鲁拿着白雪的调令疑惑地问绵羊艾丽副市长："艾丽小组，白雪即将被分配去的 A 区可是大型动物生活区，而且那里接连发生了好几起神秘失踪案。"

"这可是市长亲自下的命令。"艾丽副市长把虎市长给抬了出来。

"唉，可怜的白雪，你肩上的压力可不小啊！"柯鲁担忧道。

"放心吧！我能应付得了。"白雪信心满满地说道。

白雪来到了位于 A 区的警察局，她一进门就喊道："报告警长，2017001 号警员白雪前来报到！"

"欢迎，欢迎，咦，怎么是只兔子？不是说来的是最优秀的学员吗？"牛警长夏侯喃喃自语道。

白雪把优秀学员勋章挂在胸前，挺了挺胸脯，自豪地说道："警长，本届最优秀学员就是我，白雪！"

第二天，所有警员集在一起分配任务，大嘴河马警员对着白雪打了个喷嚏，一下子把白雪吹翻在地。"哦，真是对不起，白雪！"

"哈哈……"所有警员笑得都捂着肚子，白雪知道大伙都瞧不起她，自己暗暗下定决心，今后一定要在工作中露一手给大伙瞧瞧。

"好了，别笑了，现在安排任务！"夏侯警长一发言，大伙都安静了下来。

所有警员都领到了任务，唯独白雪没事可干。"警长，我的任务是什么？"

"你的任务是……哦，对了，老狒狒退休了，我们正好缺一个交通警察。"夏侯一拍脑袋，这才想起这个不起眼的小家伙。

"什么，当交警？警长，我的理想是当一名刑警，抓坏蛋，维护社会安定……"白雪伟大的理想之火被浇灭了。

"交警也是警察，好好干！"夏侯扔下一句话，转身就走了。

白雪开着警车在市区转悠，每天重复做着抄牌、贴牌的活，"唉，真没劲！"

"轰"的一声，一辆车从白雪身边驶过。

"超速！"白雪跳上车，打开警灯和广播急忙追了上去。

"动 A1008 的驾驶员请下车接受处罚！"

几只染着黄毛的小猴对着白雪做鬼脸，还向白雪伸出了小拇指。"哈哈，小兔子，可别吓尿了，要是能追上我们，我们就停车。"说完，车身一晃，把白雪的警车逼停在路边后，扬长而去。

白雪在心里估算了一下，对方时速 180 千米，先行了 2 千米，如果我以时速 216 千米的速度追赶，只需 200 秒就能赶

上。

白雪打开记录仪，准备录下这些家伙的罪证。

"轰"的一声，白雪开着警车像脱缰的野马一样向前追去。

当几个黄毛小猴见白雪的警车像疯了一样撞向自己，吓得他们从车窗里伸出了小白旗。

"靠边停车！"白雪厉声喊道。

"太可怕了，这是一只疯兔！"一只黄毛小猴吓得直哆嗦。

"小家伙，下次开车出来记得穿上尿不湿啊。"白雪拍了拍被吓尿了的小猴笑道。

 【挑战自我3】

　　动物城里的警察进行长途行军训练，每小时行 12 千米，7 小时后，白雪骑摩托以每小时 54 千米的速度追赶警队。请问她几小时后可以追上警队呢？

# 有事找白雪

"报告警长，这些家伙在公路上飙车，被我当场抓获。"

这一次，白雪的表现让大家伙刮目相看，还有几个警员向白雪伸出大拇指："白雪，可以啊，这几个飙车的家伙，我们抓了几次都没成功。"

夏侯警长看着白雪那辆快散架的警车，苦笑道："白雪，公路上追赶逃犯是十分危险的事，今后110那边鸡毛蒜皮的小事就归你负责了。"

"这算是奖励还是处罚？"大伙弄不明白了，可白雪心里却很开心，因为这样她就有更多的机会接触到罪犯，实现她心中的梦想。

自从110的事划归白雪负责后，白雪每天都会接到许多电话，像扶老人过马路、照顾小孩、修理水管、代买蔬菜……虽然白雪很忙，但她忙得很开心，因为白雪的热心肠得到了A区所有居民的称赞，他们常常说的一句话就是："有事找白雪！"

"你好，这里是110白雪热线，请问你需要什么帮助？"

"白雪，我被车撞了，可恶的家伙却逃跑了。"猪大婶在电话里说道。

"肇事逃逸，猪大婶，我马上赶到你那里。"白雪很快就赶到了出事地点。

"猪大婶，你记得那个车牌号吗？这可是最重要的线索。"白雪第一时间询问道。

"是辆红色的小车，把我撞了个头朝地，号码我记不起来了，不过我记得是一个五位数，倒过来看比原来的数字大78633。"

"没有车牌号？这很难办，不过根据你提供的信息，我有办法算出这个车牌号。"白雪拿出纸和笔，演算了起来：因为只有0、1、8、6、9这五个数字倒着仍然是一个有效数字0、

1、8、9、6，根据得数的万位是7，那只能是8－1＝7，则倒过来的数万位是8。原数万位是1；得数十位是3，千位是8，只能是0－6被借后9－6得十位是3，千位9－0被借后得8，中间只能是两个倒着看的数相减得6，只能是6－9为被借后15－9得6。即这辆车的车牌号是10968，倒过来看是89601，故车牌号是10968。

白雪拿出电脑一查："是灰狼张野的车。"

"呼叫总部，车牌号为动10968的车肇事逃逸，请求协助抓捕。"白雪拿出对讲机，呼叫总部帮忙。

过了一会儿，警局发来信息，张野抓到了，让白雪和猪大婶回去录口供。

**【挑战自我4】**

一辆肇事汽车的车牌号是个四位数。第一位数字最小，最后两位数字是最小的两位偶数，前两位数字的乘积的4倍刚好比后两位数少2，此车牌号是多少？

# 被骗多少钱

"白雪，这件事情只有你能帮我了！"熊猫阿姨哀求道。

白雪驾车赶到熊猫阿姨家，问道："出了什么事？"

突然，从熊猫阿姨身后跳出一个身穿警服的小家伙，手举玩具冲锋枪叫道："不许动，举起手来！"

熊猫阿姨红着脸，用商量的口气问道："这是我的小儿子苏齐，他嚷着非要当警察，这个梦想你能帮他实现吗？只要当一天就行。"

"嗨，苏齐警官，我们该去巡逻了！"白雪向小家伙敬了个标准的军礼。

苏齐跳上警车，兴奋地叫道："当警察喽，出发！"

白雪开着警车在城市里巡逻，见到孔雀在店门口焦急地东张西望，"嗨，孔雀阿姨，今天生意怎么样？"白雪和珠宝商孔雀热情地打招呼。孔雀好似见到了大救星，连忙叫道："白雪，我有一事求您帮忙。"

"什么事？"

"唉，真是倒霉透顶，我不但上了个大当，而且到现在我也还没弄明白损失有多大呢。"

孔雀说起了昨天下午的事："一位红狐狸男士来买钻戒，挑中了我店中最漂亮的蓝钻戒指。"

苏齐好像明白了，抢过话说："肯定是被人家调包了！"

孔雀摇了摇头说："红狐狸和我讨价还价，最终以 8000 元成交。"

苏齐笑道："那你应该赚大钱了，为什么还愁眉苦脸呢？"

孔雀叹了口气说："红狐狸没带现金，付了一张 10000 元的支票，倒霉的是，我当时刚好没有零钱，就到隔壁家具店老板那里换了 10000 元，找给红狐狸 2000 元。"

白雪明白了："支票是假的！"

孔雀连连点头："对！对！没想到那张支票是假的，我只能收回家具店老板的支票，赔偿了10000元。"

"你这老板是怎么当的？连这点小账都算不过来？你损失了8000元的钻戒，赔偿家具店老板10000元，一共损失了18000元。"苏齐连珠炮似的说道。

孔雀摇摇头说："不止，我还找给红狐狸2000元呢，应该损失了20000元！"

白雪想了想说："你们算的都不对，应该是10000元！"

苏齐不解地问道："怎么会是10000元呢？"

白雪笑道："孔雀找了2000元给红狐狸，自己还有8000元，他再添2000元就可以还给家具店老板，加上损失的一枚8000元的戒指，一共损失10000元。"

"你能帮我抓住那该死的骗子红狐狸吗？"孔雀老板问道。

白雪问道："当时有目击证人吗？或者有录像也行。"

"没有，这红狐狸是傍晚时来的，那时店里没有其他人。"

"没有证据不好随便抓人，这事有点难办。"白雪也感到有点棘手。

苏齐想了想说："只要找出他其他的犯罪证据，就能让他交出钻戒。"

白雪竖起大拇指称赞道："好办法！"

白雪拿出纸和笔，根据孔雀老板的描述，她很快就描绘出犯罪嫌疑人的画像，"孔雀老板，你看是这个家伙骗了你的钻戒吗?"

"对,对,就是他!"

**【挑战自我5】**

有一个年轻人去买衬衫,衬衫成本是18元,标价21元。年轻人拿出一百元,老板找不开,就找邻居换一百块的零钱并找给年轻人79元。后来邻居说那一百元是张假币,老板无奈,又赔给了邻居一百块钱。问:老板总共损失多少钱?

# 红狐狸令狐聪

白雪驾车回到警局,把画像交给了系统管理员豹警官说:"嗨,我是白雪,能帮我个小忙吗?"

"您好白雪,大伙都叫我甜甜豹,需要我做什么?"豹警官看了一下四周,发现没有其他人,便快速地把一个甜甜圈放到了嘴里。

"帮我查一下这只红狐狸的信息。"白雪把画像递给了豹警官。

"必须要有夏侯警长的签字才可以查。"豹警官摇摇头,又向嘴里塞了一个甜甜圈。

白雪编了个理由，说道："我……我就想知道这个家伙的车牌号，因为他超速了！"接着她又拿出一盒胡萝卜饼干递给豹警官，说："尝尝这个，我亲自做的小饼干。"

豹警官接过饼干，飞快地捏起一块塞入嘴里，说："哦，太好吃了！"

在豹警官的帮助下，白雪知道了红狐狸名叫令狐聪，无业，车牌号为动 A11118。

"白雪，令狐聪这家伙很狡猾，他可是我们警局的常客，可每次都因为证据不足而无罪释放了。"

"哼，这次我一定抓住他的把柄！"

白雪看着胖嘟嘟的豹警官笑道："谢谢你，甜甜豹，噢，提醒你一下，多吃素菜饼干，少吃甜食。"

白雪调用市区的摄像头，很快就锁定了车牌为动 11118 的令狐聪的车子，她发现这辆车从 C 区转了一圈又回到了 A 区。

"看一看，瞧一瞧，又圆又甜的西瓜亏本卖了！"令狐聪大声地吆喝着。

一只小猪走过来问道："老板，西瓜怎么卖？"

令狐聪见有生意上门了，满脸堆笑地说："大个的 30 元一个，小个的 10 元一个。"

小猪在一大堆西瓜中东挑西捡，可是没发现一个大西瓜，正打算买小西瓜时，发现狐狸令狐聪脚下踩着一个大西瓜。"老板，我就要你脚下的大西瓜！"

令狐聪一听急了，这可是他花高价买来招揽生意的，如果卖了，拿什么吆喝生意呢。令狐聪眼珠一转，笑道："这西瓜虽然大，可是不如买小瓜合算呀。"

令狐聪连忙拿起两个小西瓜，说："这两个西瓜才 20 元钱，那一个大西瓜就 30 元。"

"可是……可是，这两个西瓜加起来也没这个大西瓜大呀!"小猪目测了一下说道。

"怎么可能啊? 我帮你量一量。"说完，令狐聪拿出一把尺子把大小西瓜都量了一下，说："你看，大西瓜直径 30 厘米，小西瓜直径 15 厘米，两个小西瓜直径加在一起和大西瓜直径一样长，说明两个小西瓜和一个大西瓜一样大，这样算来，20 元买 2 个小西瓜，你还节省了 10 元呢。"

小猪听令狐聪这么一忽悠，觉得有道理，于是就买了两个小西瓜走了。

令狐聪如法炮制，用同样的手段把一车小西瓜全卖了。

白雪录下了令狐聪行骗的证据，走上前笑道："如果把西瓜看成一个近似的球，那大西瓜的体积是：$3.14 \times 30 \times 30 \times 30 \times \frac{1}{6} = 14130$（立方厘米），而两个小西瓜的体积之和是：$3.14 \times 15 \times 15 \times 15 \times \frac{1}{6} \times 2 = 3532.5$（立方厘米）。"（球的体积 $= 1/6 \times 3.14 \times$ 直径 $\times$ 直径 $\times$ 直径）

"你的行骗过程我全录下来了!"白雪打开手机播放令狐聪的行骗行为，接着又说道："我还有你昨天傍晚从孔雀珠宝店骗走一枚钻戒的证据。"说完出示了一张令狐聪站在珠宝店门口的图片。

"你想怎样?"令狐聪一下子软了下来。

"归还赃物,我可以既往不咎!"

白雪轻松地从令狐聪那里讨回了钻戒,孔雀好奇地问道:"白雪,你是从哪得到的令狐聪来我店里的照片?"

白雪笑道:"令狐聪他做贼心虚,我 PS 了一张图片就把他给唬住了。"

**【挑战自我6】**

地球的平均半径是 6373 千米,你能求出地球的体积是多少吗?

# 临时刑警

一天,种子商店的老板马克来到警局报案:"夏侯警长,我的种子仓库四周发现许多暗道,肯定有贼盯上了我的种子仓库。"

"哈哈,马克,你是想多了,你那里又不是金库银库,谁会打你种子仓库的主意呢?说不定是调皮的土拨鼠在你家周围挖地洞躲猫猫呢。"夏侯不以为然地笑道。

"可是……可是，夏侯警长，我还是不放心，你就派个警员帮帮我吧!"马克哀求道。

夏侯最近忙得焦头烂额，连续九起动物失踪案，夏侯派出了所有的警员，可整整一个月，连一点蛛丝马迹也没找到。"马克，不是我不帮你，可我手底下的警员全派出去破案了，实在没有警员了。"

马克和夏侯的对话被一心想当刑警的白雪听到了，她推开门小声地问道:"警长，这件事可以让我去试试吗?"

夏侯瞪着牛眼嚷道:"小兔子当刑警? 在我们动物城历史上就没有过。"

白雪双手叉腰，说道:"夏侯警长，你有严重的种族歧视，《动物法》中有兔子不能当刑警这一条吗?"

"好吧! 给你 24 小时，破不了案就乖乖回来当交通协警。"夏侯第一次对白雪妥协了。

白雪来到马克的种子仓库，仓库里就是一些普通的蔬菜种子，但一箱像洋葱头的种子引起了白雪的注意。"马克，这洋葱头的种子为什么用玻璃罩着?"

"哦，白雪，这可不是洋葱头的种子，它是西红花的种子，最近市场上的价格可是翻了十多倍了。"马克解释道。

晚上，白雪为了不打草惊蛇，她乔装打扮成一个醉汉，跌跌撞撞地在种子仓库四周转悠。突然，一个黑影从白雪身边闪过，白雪眼疾手快，一把抱住他:"兄弟别走，我们干一杯!"这家伙满身是泥，见被人抱住，吓得直哆嗦:"不关我的事，我只是个挖土工。"不过当他发现是被一个醉汉抱住，立刻平静下来，改口说："我有急事，明天陪你喝。"说完从白雪手中挣脱了出来，消失在夜幕中。

"白雪，为什么把嫌疑犯放走了？"马克十分不解。

白雪笑着说："放长线钓大鱼！而且我已拿到他们的通讯工具。"她得意地从口袋中掏出一块手机，原来白雪刚才趁黑衣人不备，悄悄地从他身上"偷"出了手机。

"嘀、嘀……"一条短信发来了。上面写着：

> 钻地鼠：老虎离山，地道已通，〇月◎日※时口#分动手。
>
> $\# \times \# = \# \square \times \square \times \square = 〇$
>
> $※ \times \square = ※（\square + ※ + \#）\times ◎ = \#（◎ + \square + 〇）$
>
> 臭屁王

"这条短信是什么意思？"马克不解地问道。

"这是一条加密短信，必须破解后才能确切知道他们动手的日期。"白雪思考了起来。

"哈哈，我知道了！"

"白雪，快说来听听。"马克显得有些迫不及待。

白雪指着短信说："这里的符号应该代表一些数字，从四个算式看，$\# \times \# = \#$，知#代表 1 或 0；但从最后一个算式的右边看，#在两数的最高位上，因而#不能是 0，只能是 1；从$\square \times \square \times \square = 〇$看，□不能是 1，也不能大于 2，只能是 2，进而可以推出〇=8；从$※ \times \square = ※$，由于□=2，所以※只能是 0；

再根据□＝2、※＝0、#＝1，最后一个算式可以变为 3×◎＝◎＋2＋8，推出◎＝5。"

马克竖起大拇指称赞道："白雪你真行！这下我们就知道，他们决定在 8 月 5 日 0 时 21 分偷盗仓库了！"

【挑战自我7】

如果○＋□＝6，□＝○＋○，那么□－○＝（　　　　）。

# 会上瘾的棒棒糖

当白雪把得到的信息交给夏侯警长时，夏侯警长惊讶道："真没想到，你小兔子破案的手段还挺多的嘛！"

得到了夏侯的表扬，白雪惊喜地问道："警长，我能当刑警了吗？"

"不行——不过，这起抓小偷的案子可以交给你负责。"

"真的？警长你太帅了！"白雪兴奋得跳了起来。

"我帅吗？"夏侯摸了摸自己的牛鼻子喃喃自语道。

夜深人静，白雪躲藏在种子仓库里。由于白雪不是正式刑警，所以没有配枪，她拿出妈妈给她准备的"防狼辣椒水喷剂"，注视着仓库里的动静。

"吱吱吱"，从墙角传来细微的声响，一只土拨鼠钻了出来。他刚把西红花的种子装进口袋中，白雪一跃而起，辣椒水一阵乱喷。

"你被捕了！"

"哎呀，辣死我了，眼睛睁不开了。"

在审讯中，白雪得知这些西红花的种子都卖给了一位绰号叫"臭屁王"的家伙。白雪觉得这西红花种子莫名地涨价，其中肯定有原因，"'臭屁王'购买西红花种子有什么用？"

"'臭屁王'把这些种子交给一个蒙面的犄角博士来换取一种汁液，然后把这种汁液添加到棒棒糖里，孩子们特别喜欢吃。"土拨鼠把自己知道的一切全供了出来。

案件变得越来越复杂了，白雪走访了动物学校，老师们反映说，学校门口的一家商店自从引进了一种名为"棒棒棒"的棒棒糖后，生意十分火爆，小动物们都排队购买，而且吃了之后还想吃，一天不吃就感到难受。

白雪了解完情况后，购买了一块棒棒糖送到化验室进行成分分析，化验员吃惊地发现，这种糖果里加入了一种不知名的元素，吃了之后极易上瘾，白雪立刻向夏侯警长做了汇报。

雷厉风行的夏侯警长立刻下令逮捕销售"棒棒棒"糖果的黑心店长。店长被带到警察局，叫道："为什么逮捕我？我是合法商人！"

白雪拿出化验报告，厉声问道："卖危险食品也是合法？说，货是从哪里买来的？"店长低下头交代道："棒棒糖是从一个外号叫'臭屁王'的那里买来的，我真不知道里面加了什么东西。"

白雪接着问道："下次你们什么时间交易？地点在哪里？"店长掏出一张小纸条，上面写着：8 月 6 日下午 3 时，虎王大道第 $x$ 棵树下！并说道："这是'臭屁王'派人送来的纸条，上面有交易地点，还说 $x$ 乘 3 再加上 3 再除以 3 最后再减去 3 等于 98。"

夏侯一看表，着急地说："今天正好是 8 月 6 日，现在已经是下午 2 时了，这 $x$ 代表多少呢？"

白雪想了想说："警长，快派人火速包围虎王大道第 100 棵树！"

路上，夏侯警长问道："白雪，你怎么这么快就把结果算出来了？"

白雪写了一道式子：$(x \times 3 + 3) \div 3 - 3 = (x+1) - 3 = x - 2 = 98$。

夏侯恍然大悟："原来只要用 $98 + 2 = 100$ 就能求出 $x$ 了。"

可惜，由于糖果店老板被捕的消息被传了出去，围捕"臭屁王"的行动失败了。

**【挑战自我8】**

一天，小明问爷爷，"您今年多大年纪啦？"爷爷摸了摸胡子，笑呵呵地对小明说："把我的年龄加上 11，除以 3，减去 9，用 5 乘，等于 120 岁。"你算算，小明的爷爷今年多少岁了？

# 第十起失踪案

"警长、警长，我是甜甜豹，出大事了，又有一起失踪案，群众和记者都快把警察局给拆了。"对讲机里传来甜甜豹慌乱的声音。

"收队！"

"警长，'臭屁王'还没抓住呢。"白雪小声地提醒道。

夏侯瞪着他的牛眼吼道："警察局都快被群众拆了，你让我带着所有的警员陪你一起抓小偷？"

夏侯刚下警车，就被记者围住，大家你一言我一语。

"请问警长，一个多月过去了，食肉动物失踪案的进展如何？"

"请问警长，侦破失踪案需要多长时间？"

"请问警长，群众都说警员们只会抓小偷，是吗？"

"请问警长，最近失踪的水獭艾文的案件进度如何？有专门负责的警员吗？他叫什么？"

......

夏侯警长一身狼狈地躲进办公室，哭得跟泪人似的艾文太太一把抱住了夏侯的牛腿说道："警长，你一定要帮帮我啊。"

"艾文太太，你先冷静，我们已派了专门的警员负责调查你丈夫失踪的案子，相信很快就会有结果的。"夏侯安抚道。

"是谁负责?"

这时,白雪正巧走进办公室想汇报自己掌握的有关"臭屁王"的情况,夏侯一把抱起白雪说道:"白雪,对,白雪负责你丈夫的案子。"

"耶!警长,我发现你不仅帅,还很有眼光!"白雪一蹦三尺高,蹦跳着去前台拿艾文案件的资料。

"有眼光?这是表扬我吗?白雪,我限你48小时内给我破案,否则背包滚蛋!"夏侯对着白雪叫道。

"嗨,小交警白雪,交好运了吗?笑得这么甜?"甜甜豹问道。

白雪双手叉腰,郑重地说道:"请叫我白雪警官,我现在可是正式的刑警了,把艾文失踪案的资料给我!"

"噢,可怜的白雪,这起案子的全部资料就是一张艾文失踪前的照片。"甜甜豹遗憾地说道。

白雪仔细地看了看照片,照片上的艾文正啃着西瓜,角落里还有一条红狐狸的尾巴,"我有线索了!"白雪立刻驾车外出寻找红狐狸。

"你好令狐聪,我们又见面了。"

"你这倒霉的兔子,离我远点,碰到你是我一生的噩梦!"

白雪拦住了令狐聪的去路,说道:"能问你一点事吗?关于水獭艾文的,他在失踪前买了你的西瓜。"

"时间就是金钱,耽误我的时间可是要付费的。我红狐狸令狐聪从12岁开始,十年时间,每天至少挣200元,你有钱

吗?"令狐聪想用高昂的收费使白雪知难而退。

"我没钱,但我现在是一名刑警,有权抓捕任何一名犯罪分子。"白雪指了指自己胸前的刑警徽章。

"太可惜了,我令狐聪现在可是一名守法的公民。"

"是吗? 你每天挣 200 元,一个月按 30 天计算就是 6000 元,按规定月收入超过 2500 元的部分要交 5% 的个税,超过 4500 元的部分要交 10% 的个税,可是你纳税单上却是零蛋。"白雪似乎早有准备,他拿出令狐聪近年来的纳税单。

"你有证据吗?"

白雪得意地摇了摇手中具有录音功能的胡萝卜笔笑道:"这可不是我逼你说的。"

"哼,我去补交就是了!"令狐聪不以为然道。

"补交? 好,我帮你算算,一个月要补交 (4500 − 2500) × 5% + (6000 − 4500) × 10% = 250 (元),十年就是 250 × 12 × 10 = 30000 (元),另外,偷逃税 1 万元以上还得坐牢 5 年。"白雪飞快地在纸上计算着。

"好吧,你又赢了,要我帮你做什么?"令狐聪长叹了一声。

"帮我在 48 小时内找到失踪的艾文。"

【挑战自我9】

爸爸每月总收入为3300元,按规定超过2000元的部分按5%缴纳个人所得税,爸爸每月税后收入是多少元?

# 重要的线索

"上车，告诉我，我们现在去哪儿？"白雪把令狐聪拉上警车后问道。

"是你在破案，你问我去哪儿？"令狐聪对着白雪吼道。

白雪摆摆手，说道："我要是有线索，找你干吗？"

"好吧，先去冰雪镇维克多海鲜西餐厅。"

"服务员，帮我点两斤的龙虾 3 只、鱼子酱 3 份、生鱼片 5 份、大鲍鱼 10 只、意大利面条 3 碗……"

白雪看了一下菜单，吓出了一身冷汗，"喂，点这么多，吃得了吗？"

令狐聪吃得津津有味，可白雪恨得直咬牙，这可是她一个月的工资啊。

令狐聪吃饱喝足后，把餐厅经理陶志叫了过来，问道："陶志，艾文是你店里的常客吧，今天本想请他吃饭，可打他电话却关机了，你知道他去哪里了吗？"

"昨天下午艾文上了一辆车，到现在我还没见到他呢。"陶志经理回道。

"那你还记得车牌号吗？"

"当然了，是辆加长版的林肯轿车，这车可是限量版的，全城只有两辆，车牌号是动 A99999。"

白雪拉起令狐聪说："哈哈，有线索了，现在就去找车！"

"别急，我还没吃完呢，哎，维克多，帮我打包，我下次再来吃。"令狐聪放不下那一桌子没吃完的美食。

白雪利用交警车辆定位系统很快就查到了这辆车的位置。"查到了，在冰雪镇 88 号。"

"冰雪镇 88 号？这是黑帮老大北极熊慕容天的家，我这辈子再也不愿见到他了。"令狐聪吓得坐在雪地上起不来了。

"你招惹他了？"白雪问道。

令狐聪挠了挠头，不好意思地说："我把死鱼冰冻后当新鲜鱼卖给他了。"

"哈哈……你可真够损的！"白雪笑得腰都直不起来了。

白雪和令狐聪只能偷偷翻墙进入慕容天的庄园，在车库里，白雪发现了一条重要的线索——艾文的身份证，还有皮坐垫上的爪痕。

"哈哈，这下我找到慕容天残害艾文先生的罪证了！"白雪一边拍照取证，一边得意地笑道。

"嘘，你小点声！"

突然，车门被打开了，几个身强体壮的北极熊抓住了令狐聪和白雪，其中一个戴着墨镜、叼着雪茄的北极熊下令道："把这两个私闯民宅的家伙扔进冰窖里。"

"喂，大家伙，我是警察，我们是来寻找艾文失踪案的线索，你不可以这样对待我们。"白雪亮出了自己的身份。

慕容天："警察？哦，那把她放了，把这该死的红狐狸浇上冷水后再关进冰窖里。"

"尊敬的慕容天先生，以前的事绝对是个误会!"令狐聪讨好地说道。

"误会? 我们全家吃了你送来的鱼，都拉了一周的肚子。"

白雪连忙上前劝道: "慕容天先生，令狐聪是我的助手，你就饶他一回吧。"

"行啊，下面我们玩个游戏，他要是能从这碗里抽出一张写有生字的纸条，我就放了他。"

"这游戏我听说过，这是他们惩罚违反帮规的人玩的游戏，可从来没有人抽到过写有'生'的纸条，这下我死定了!"令狐聪一下子绝望了。

白雪想了想后说: "慕容天先生，我可以代令狐聪抽吗?"

慕容天冷笑道: "小兔子，这可是你自找的。"

白雪走上前随便拿出一张纸条，张嘴就吞到肚子里，笑道: "我可没勇气打开决定自己生死的纸条，现在就由你们打开剩下的纸条，决定我的命运吧。"

慕容天大笑: "聪明的兔子，你是第一个在我这个游戏中活下来的!"

**【挑战自我10】**

古代，有一位智者犯了法，国王设计了一个特殊的行刑方式，希望智者能用自己的智慧拯救自己的生命。国王对智者说："在你的面前有两杯酒，一杯有毒，一杯没有毒，你必须喝掉其中的一杯。"智者问道："还有其他提示吗?"国王提示道："在你面前的两个武士有问必答，但一个只回答真话，另一个只回答假话，并且从外表上无法断定谁说真话，谁说假话。"智者又问："武士之间知道谁说真话谁说假话吗?"国王说："知道，你只能向其中一个武士问一个问题。"最后，智者问了一个问题后，根据武士的回答，他成功地挑中了其中没有毒的酒。

同学们：如果你是智者，你将如何设计问题，并找出没有毒的酒呢?

# 夜访雨林小木屋

"艾文是我的私人医生，也是我的救命恩人。有一次，我误食了水母，是他救了我，可这一次他却没法救自己。"慕容天十分可惜地叹道。

"这么说，艾文不是你抓起来的?"白雪问道。

"前天晚上，艾文说自己有一项重大发现，于是我派车去接他，可没想到半路上他却突然发疯了，还抓伤了我的司机黑豹孔云。"

"能把孔云带来吗？我想和他谈一谈。"白雪问道。

慕容天面露难色，"这……这可能有困难，孔云受了惊吓后独自住到了雨林中的一间木屋里，谁也请不动他。"

白雪一把拉住令狐聪，说道："我们现在就去拜访孔云。"

"哦，对了，孔云是个出色的机械师，他在木屋周围设置了许多机关，你们要小心点。"慕容天提醒道。

白雪和令狐聪很快就找到了黑豹孔云隐居的小木屋。这木屋建在一个悬崖壁上，只有一座木桥可以通过。"这慕容天就会吓唬人，这哪有什么机关呢？"令狐聪不顾白雪的阻拦，独自走上木桥。突然，一张大网从天而降，把令狐聪吊在了半空中。

"让你当心你偏不听，这下吃苦头了吧！"

"你这死兔子，我还不是为了让你尽快破案，快想办法让我下去啊！"

白雪仔细查看了木桥，发现桥的木柱上有一个显示屏，上面写着："只能移动三枚硬币，把右图变成左图。"

"哈哈，我有办法了！"白雪在电子屏上移动了三枚硬币（如图），吊在半空中的大网掉了下来，"哎哟，我的屁股！"

令狐聪惨叫道。

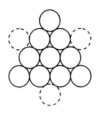

通过木桥后，白雪敲了敲门，屋内没有反应。白雪竖起长耳朵贴在门上仔细地听了听。

"听到啥了?"

"午夜狼嚎!"

"狼! 哪有狼!" 听说有狼，令狐聪浑身一哆嗦，紧张起来。

"是屋里有人在说午夜狼嚎!" 白雪解释道。

"这黑豹肯定在屋里，只是不肯出来见我们!" 令狐聪使劲地敲着门，"开门! 开门!"

"别敲了，我有开门的钥匙了!" 白雪笑道。

"在哪?"

白雪指着门边的一块显示屏说: "钥匙就在这里面!" 只见显示屏上面有一个图案:

显示屏上的提示说:"请把这个图案分成大小、形状完全相同的三块。"

"这可难不倒我令狐聪。"说完,令狐聪信心满满地画了三条线段,门"吱嘎"一声打开了。

令狐聪把头伸进屋内瞧了一眼,立刻缩了回来,"太吓人了,黑咕隆咚的!"

"你好孔云,我是白雪警官,找你想了解一下艾文失踪案的线索。"白雪礼貌地对着屋内说道。

"我知道会有人找上门来的!午夜狼嚎,太可怕了!"屋内传出轻微的声音,接着一张被抓伤的、像幽灵般的脸从门缝里露了出来,两眼充满血丝,十分吓人。

孔云:"你们等等,我穿好衣服就跟你们走!"

【挑战自我11】

请你只移动两根火柴,让小狗调头走。

# 入侵警察交通网

"咣当"一声,窗户的玻璃被击碎了,紧接着屋内传来孔云"嗷嗷"的惨叫声。

"不好,情况有变!"白雪推开门往里一瞧,立刻被吓出了一身冷汗,只见孔云趴在地上,两眼泛出绿光,张着血盆大口。"快跑!"白雪拉起令狐聪就跑。

"我把黑豹引开,你打电话请求支援。"令狐聪知道,仅凭他和白雪是制服不了发疯的黑豹的。

白雪用政府信息平台呼叫道:"白雪呼叫总部,请回话,黑豹野性爆发,请求支援!"

"怎么还不来啊,我的腿都快跑断了!"悲催的令狐聪抱怨道。

白雪见这样下去肯定支持不到援军的到来,他拿出一副长长的脚镣,一端扣在木桥的一根柱子上,另一端握在手中,一个大胆的计划在心中产生了,他想拷住发疯的黑豹,"令狐聪,把孔云引到我这里来!"

当黑豹临空跃起,白雪身形一缩,钻到黑豹的肚子下面,迅速把脚镣拷在了黑豹的脚上。"耶!成功了。"

被拷住的黑豹,疯狂地扒着木桥,脆弱的木桥一下子坍塌了,白雪和令狐聪都掉下了悬崖。不幸中的万幸,他俩正好掉在悬崖中的树藤之上，没受重伤。当牛警长夏侯找到他俩时，白雪忘记了身上的伤痛，兴奋地叫道："报告警长，孔云被我拷住了，他突然间野性大发，和失踪的艾文得了同样的病，这其中肯定能查出原因。"

"是吗，我怎么没发现孔云？白雪，你一个电话，让我所有的警员陪你在这躲猫猫，你太过分了，现在 48 小时已到，我命令你回到交警岗位上，否则背包滚蛋！"夏侯怒道。

一旁的令狐聪实在看不下去了，刚才他俩为了破案差点把命都送掉了，这夏侯不仅不安慰他们，反而还责怪他们，于是冷笑道："尊敬的夏侯警长，这失踪案都快一年了，你连条线索都找不到，却让一个刚上岗不足一个月的小交警在 48 小时内破案，这要是传出去，是不是有点……"

令狐聪接着又说道："嘿嘿，我没啥特长，就是长了一张大嘴巴，喜欢到处讲故事。"

"再给你 48 小时，破不了案就回家种萝卜！"夏侯甩下一句话就收队了走了。

"唉，孔云失踪了，线索又断了，48 小时如何破得了案。"白雪垂头丧气道。

令狐聪指了指桥头上的摄像头笑道："查一查，肯定能找出线索！"

令狐聪和白雪进入孔云的家里，打开电脑调看监控录像，可是电脑被设置了密码，显示屏上有一幅图，上面写道："想办法把 1 号车开出停车场。"

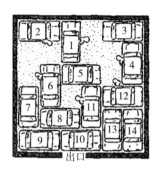

出口

白雪想了好久，他把车宽定为1，车长定为2，英文字母L、R、U、D分别代表往左、右、上、下移动。很快就找到了解决的办法：3（L1）、4（U1）、5（R2）、11（U2）、6（U1）、7（U2）、12（L4）、8（L1）、13（U1）、10（R1）、1（D6）。

**【挑战自我12】**

下图是由6个边长为2厘米的正方形拼成的，这个图形的周长是多少厘米？

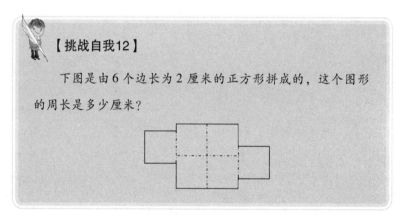

## 悬崖收容所

令狐聪把监控录像调到事发时间，显示屏上出现了牌照为

"动A0008"的一辆车，车上下来一群穿白大褂的医生，"瞧！这些医生来这里干什么？"

"白狼！我的天啊，他们是动物城特警队！"白雪惊叫道。

只见领头的白狼特警掏出麻醉枪，一下子就击中了处于疯狂中的黑豹孔云，"抬上车，带回去！"

"哈哈，有线索了，只要找到这辆车，就能知道孔云被关到哪里了！"白雪兴奋地叫道。

"可是，如何才能跟踪到这辆车呢？"令狐聪有些为难。

白雪得意地拍了拍了自己胸前的警徽，笑道："你忘了我是干什么的了吗？我是白雪警官。"

"切，一个小交警，有什么值得炫耀的，要是让你当了警长，那尾巴还不得翘到天上去？哦，对不起，我忘记那个谚语了，兔子的尾巴长不了。"令狐聪笑道。

"你敢取笑我们兔子？狐假虎威、狐朋狗党、豺狐之心、城狐社鼠、狐狸尾巴、狐鸣狗盗、满腹狐疑……让我报，我能说一个晚上，你看看，有几个词是形容你们的好的？"白雪显摆了一下自己的成语水平。

白雪回到警局，在许诺了一筐甜甜圈外加允许甜甜豹参加破案小组的条件之下，甜甜豹终于答应帮白雪调取动物城交通监控录像。他们很快就查出了"动A0008"这辆车的最终目的地，那是一片荒芜的山区，那里有一个只有一条道路能通行的悬崖岩洞。

"悬崖收容所！这下可难办了，这地方根本进不去，就算进去了，也出不来。"令狐聪一眼就认出了这个地方。

"你怎么会熟悉这种地方？"白雪发现自己越来越不了解令狐聪了，这家伙好似对动物城的每个地方都了如指掌。

"别用这种看外星人的眼光盯着我，你哥我就是一个传奇。"令狐聪立刻开始自吹自擂。

"那你肯定有办法进去喽？"

令狐聪带领大家来到山顶，只见悬崖边有一根绳子，绳子套在一个生锈的滑轮上，绳子的两头，各系着一只筐。"这是修建悬崖收容所时留下来的，这个秘密只有我知道。"

"你有办法让我们安全到达悬崖收容所吗？"甜甜豹看着深不见底的悬崖，心里有些后悔参加这次破案行动了。

经过一番观察和估量，令狐聪断定两只筐子的载重能力不超过30千克，且两只筐子的载重相差接近5千克，而又不超过5千克，那么，筐子就会平稳地下落到地面。

令狐聪估计了一下，自己的体重大约是15千克，白雪的体重大约有10千克，甜甜豹的体重是30千克。

令狐聪在悬崖边找了一块大约5千克重的石块，笑道："听我的安排，保证大家安全到达悬崖收容所！"

"说说你的想法吧！"

令狐聪得意地说：

"第一步：先将5千克的石块放在篮子里到达悬崖收容所。

第二步：让10千克的白雪站进篮子到悬崖收容所，5千克的石块达到了悬崖顶。将石块从篮子里拿出，白雪依然待在篮子里。

第三步：让 15 千克的令狐聪站进篮子。这样令狐聪到达崖底，白雪重新回到崖顶，并且先走出篮子，令狐聪也走出篮子。

第四步：将 5 千克的石块放进篮子送到崖底，然后 10 千克的白雪也站进篮子，到达悬崖底，此时崖底令狐聪和白雪的重量和是 25 千克，然后 30 千克的甜甜豹走进篮子，这样甜甜豹到达崖底，令狐聪和白雪到达崖顶。

接下来，用第一步到第三步的方法把白雪和令狐聪送到悬崖收容所。"

**【挑战自我13】**

三百多年前，在格鲁吉亚，这块土地被一个凶暴残忍的大公统治着。他有一个独生女儿，不但异常美丽，而且心地善良，经常接近和帮助穷苦人。她已经有二十岁了，大公把她许配给邻国的一个王子，可是她却爱着一个铁匠——年轻的海乔。由于出嫁的日子快要到来，她和海乔冒险逃到山里，可是很不幸，让大公手下的人给抓了回来，关在一座没有完工的阴森的高塔里。关在一起的，还有一个帮助他们逃跑的侍女。大公暴跳如雷，决定第二天就把他们处死。

塔很高，只有最顶上一层才开有窗子，从那里跳下去准会粉身碎骨。大公想，派人看守，说不定看守的人会因同情他们而把他们放掉。所以下令撤掉一切看守，并且不准任何人接近那座塔。

数学破案记

110

　　海乔知道无人看守，周围又没有任何人监视，一线希望不禁油然而生。他顺着梯子走到最高层，望着窗外沉思。

　　不久，海乔发现有一根建筑工人遗留在塔顶的绳子，绳子套在一个生锈的滑轮上，而滑轮是装在比窗略高一点的地方。绳子的两头，各系着一只筐子。原来这是泥水匠吊砖头用的。

　　海乔做过建筑工人，他经过一番观察和估量，断定两只筐子的载重能力不超过 170 千克，且两只筐子的载重相差接近 10 千克，而又不超过 10 千克，那么，筐子就会平稳地下落到地面。

　　海乔知道他爱人的体重大约是 50 千克，侍女大约有 40 千克，自己的体重是 90 千克。他在塔里又找到一条 30 千克的铁链。经过一番深思熟虑，终于使三人都顺利地降落在地面，一同逃走了。

　　请问，他们究竟是怎样安排的？

## 隔离密室

　　"当心白狼特警队！"令狐聪把白雪和甜甜豹拉到角落里。

　　"午夜狼嚎，白狼……我好像找到答案了，失踪的动物们肯定和白狼有关！"甜甜豹为自己的伟大发现，奖励给自己一个甜甜圈。

　　"可是这些动物为什么会发疯呢？"白雪心里还是有许多疑问。

"想知道答案吗？进入悬崖收容所后就明白了。"令狐聪指了指戒备森严的收容所。

"我……我……我留下来给你们把风吧。"胆小的甜甜豹可不想冒生命危险。

白雪和令狐聪乘着夜幕，悄悄溜进了悬崖收容所，"嘿，令狐聪，你怕吗？"

"怕？我令狐聪字典里就没有这个字，再说，这地方我来过！"

"你来过？令狐聪，这里到底是什么地方？"

令狐聪发现自己说漏了嘴，不好意思地说："这原来是拘留所，我被关押在这里一个星期，现在好像改成什么特殊疾病隔离所。"

白雪好像抓住了令狐聪的把柄，乐道："看来你的人生故事也有悲剧故事啊。"

"那是一次误会，现在遇到你才是我人生最大的悲剧！"令狐聪哭丧着脸说道。

"瞧，前面有灯光，我们过去看看！"白雪低声说道。

屋内传来虎市长的咆哮声："安丽博士，你必须尽快找到解药！"

金丝猴安丽委屈道："市长先生，没有找到发病的原因，解药配制起来很困难，现在发病的食肉动物越来越多，我建议公布出去，让市民们小心。"

"公布病情？和全体动物居民们说，现在食肉动物又发疯了，请食草动物和小动物们当心？你可真会开玩笑。"虎市长冷笑道。

"可是这样把发疯的动物藏起来，也解决不了问题呀。"

虎市长心情糟糕透了，凶狠地叫道："你是医生，你的职责是治病，我是市长，我的职责是管理好城市，不能出乱子。隔离区没有我的命令，谁也不能进入！"

"快，我们去隔离区！"白雪拉起令狐聪就跑。

"怎么又要破解密码？"令狐聪躲到一边，跷着二郎腿，把难题留给了白雪。

试试看＋算算看＝边算边看，每个字代表不同的数字，开门密码：试算看。"这一个数字也没有，如何知道密码呢？"

"算式上不是提醒你先试试再算算吗？"令狐聪的提醒让白雪恍然大悟。

白雪列了一个竖式：

试试看

＋算算看
_____

边算边看

根据看＋看＝看，推算出"看"为0；再根据三位数加三位数为四位数，推算出千位上的数字为1，所以"边"为1；再根据"试＋算"和的末尾为1，可推算出试和算的组合有：9和2、8和3、7和4……——尝试后，确定"试"为9、"算"为2符合。

白雪："我知道了，算式应该是990＋220＝1210，密码是

920。"

**【挑战自我14】**

下面每个字代表不同的数字，这些汉字分别代表几？

$$
\begin{array}{r}
\text{你挑战自我} \\
\times\qquad\qquad\text{你} \\
\hline
\text{我我我我我我}
\end{array}
$$

# 惊人的发现

白雪和令狐聪进入隔离区，原本安静的房间里传出阵阵低吼声，白雪打开手电，壮着胆来到密封的玻璃房边查看。

"我的天哪！失踪的水獭艾文原来被关在这里！"白雪兴奋极了。

"白雪，黑豹孔云也被关在这里。"令狐聪在另外一间囚室里发现了黑豹。

"1、2、3……11 对，11 个失踪的大型动物或食肉动物都被关在这里，可这又是为什么呢？"白雪不明白这里发生了什么。

突然，一道快如闪电的黑影向他们袭来，"呼"的一声，黑影重重地撞在厚厚的玻璃墙上，锋利的爪子在玻璃上留下深深的划痕。

"疯了，疯了，全疯了！"11 间密室里的动物全都躁动起来，号叫声、撞击声……

这时隔离区外传来虎市长的咆哮声："安丽医生，用麻醉剂让这些家伙安静些！"

只见每间密室的排风口喷出一些白色的雾，发狂的动物吸了这些雾后安静下来，恢复了原貌。

"想不想进去获得证据？"

"你有办法？"

令狐聪掏出一个小本子得意地说："有了这本密码本，任何一间密室都能进！""你从哪搞来的？"白雪疑惑地问道。

"从安丽医生的房间顺手拿的。"

白雪笑道："现在我终于相信狗改不了吃屎，狐狸改不了偷盗。"

"太伤心了！"

白雪看到大多数发狂的动物都昏睡过去了，只有大象还有些清醒，他按了一下大象门上的电子屏，只见上面出现了一个算式：7 § (3 § 2)。

"这是什么符号，我怎么没见过？令狐聪，你能帮帮我吗？"白雪这才发现令狐聪在解决这类问题上是个天才。

"现在想起我这个改不了偷盗的家伙了？你的见识跟你的尾巴一样短！干吗瞪着你的眼睛？想打我？……"令狐聪终于有了反击的机会。

白雪强压住心中的怒火，满脸春风地哄着令狐聪："好令狐聪，我知道这方面你是行家，只要解开密码，你说的全对。"

令狐聪打开密码本，翻了几页后说："这种符号只有这一页才有，意思是 $a\S b = a^2 - b^2$。"

"那 $7\S(3\S2)$ 先算出括号里的 $3\S2 = 9 - 4 = 5$，再算出 $7\S5 = 49 - 25 = 24$，对，密码是 24。"

令狐聪按下 24，门果然打开了，白雪刚想进入，令狐聪一把拉住她说："你也想躺在里面吗？别忘了房间里全是麻醉剂！"

"差点忘了，那怎么办？把他拖出来，大象我可拖不动。"

令狐聪从衣服上撕下两块布，用水打湿后蒙在鼻子上，说："这样能防毒，时间不能太长。"

白雪也蒙上湿布，她立刻来到大象身边，说道："我是白雪警官，你有什么想说的吗？"

大象有气无力、断断续续地说："午夜、午夜狼嚎……"

"午夜狼嚎，又是午夜狼嚎！"

**【挑战自我15】**

$A ※ B = (A + B) \div 2$，求 $(45 ※ 55) ※ 60$。

# 逃出囚室

白雪还想从大象那里知道点事件的细节，可这时令狐聪冲了进来催促道："快点，快点，市长和警卫进来了！"

令狐聪和白雪只能躲在大象的身后，令狐聪问道："证据都收集好了？"白雪得意地摇摇手机说："全拍下来了！"

"安丽医生，我再给你一周的时间，如果没有药物能治疗，只能……"虎市长做了一个抹脖子的动作。

"杀……杀了他们，不、不、不，市长，他们只是感染了不知名的病毒，这不是杀他们的理由。"安丽医生拼命地摇着头。

"囚禁他们，万一他们逃走了，病毒传染开来，那动物城就不复存在了。"虎市长长长地叹了口气。

"小兔儿乖乖、把门儿开开，快点、快点……"没想到，白雪的妈妈这时候打来了电话。

令狐聪怒道："为什么不关机？"

白雪后悔道："刚才拍证据，忘记关机了。"

"谁在里面？警卫，给我找出来！一个也不能放跑！"

"坏了，这可怎么办？"

"这该死的手机，早不响晚不响，现在响起来了。"令狐聪一把夺过手机，用塑料袋装了起来。

"你会游泳吗?"

"都什么时候了,你还有心思问这个问题,游泳是我们警员的必修课!"

"这囚室是密封的,现在唯一能逃出去的就是那个!"令狐聪指着身后大象用的巨大的抽水马桶说道。

"从马桶里出去? 不、不!"

"万一在马桶里淹死了,那太丢脸了!"

"要脸还是要命? 我都算过了,这里的下水道是直接通到悬崖外的河流中,全长不会超过 60 米,而水管中水流的速度一般在 1.5 米/秒—2 米/秒之间,所以最短只需要 30 秒、最长也就 40 秒就能出去了。"

"噢,太臭了!"令狐聪见白雪在马桶前犹豫不决,他抱起白雪就扔进了抽水马桶,按下冲水阀门,随后自己也跳进了马桶。

令狐聪抱起昏迷中的白雪,一系列的急救措施后,白雪连吐了几口水,"你终于醒了。"

"你骗我,下水道肯定不止 60 米,因为我憋气的最好成绩是 60 秒!"过了一会后,白雪边哭边捶打着令狐聪。

令狐聪老实交代道:"好吧,是我不好,其实下水道实际有 150 米,所以冲出下水道最少也得 75 秒,最多需要 100秒。"

"那你为啥没事?"

"因为……因为我憋气时间长。"令狐聪支支吾吾道。

"你又骗我！"

"唉，啥都瞒不过你，其实我是先装了一塑料袋空气后才跳的，所以我没事。原本我准备了两个塑料袋，可有一个装了手机，所以只剩一个塑料袋了，白雪，你不会怪我吧。"令狐聪只好说出了实情。

"手机，对，我的手机，快报案！"白雪这才想起报案。

"已经报案了，估计夏侯警长快到了！"

**【挑战自我16】**

一艘客轮每小时在静水中可以行 30 千米，顺水航行 165 千米，水流速度为每小时 3 千米，问这艘客轮需要几个小时才能到达目的地？

# 当了副警长

"收容所的人员全部出来，你们被捕了！"天空中突然出现了好几架直升机，把悬崖收容所团团围住。

"警长，我在这里！"白雪兴奋地挥舞着手中的布条。

"别叫了，警长根本听不到！"令狐聪双手插进口袋里，靠着一棵大树，一副事不关己的样子。

夏侯警长下令特警队冲进收容所拘捕了所有的成员后，终于发现了困在山底的白雪。他来到白雪的身边，瞪着牛眼，好像不认识似的上下打量着白雪。

"警长，我是白雪啊！你不认识我了？"

"白雪，哦白雪，你立大功了！十桩失踪案，你一人破获了！"夏侯警长激动得语无伦次。

白雪挺直胸脯，立正敬礼："报告警长，2017001号警员白雪能成功破案，离不开您夏侯警长的正确指导……"白雪一顿马屁把夏侯拍得飘飘然，连连点头道："哈哈，当初我就知道你能行！不然我怎么会把这个案子交给你一个新警员呢。"

一旁的令狐聪实在看不下去了，假装要吐的样子，说："不行，你俩的对话太肉麻了，我听不下去了，让我吐会儿。"

夏侯警长好奇地问道："哦，对了，白雪，你们是如何从戒备森严的看守所逃出来的？"

白雪刚想捂住令狐聪的嘴，可嘴快的令狐聪得意道："要不是我脑子灵活，想到从大象抽水马桶里逃出来，我俩也许、可能、真的成烈士了。"

"马桶？从马桶里出来的？哈哈……"所有在场的警员顿时笑得直不起腰来。

白雪本来就虚弱，自己出丑的事现在让大伙全知道了，她急火攻心，一下子晕了过去。

当白雪再次醒来时，发现自己已经躺在警局的休息室里，艾丽市长、夏侯警长、令狐聪及警局的其他警员都围在自己的床边。

夏侯警长道："白雪警员，艾丽副市长——哦不对——现在应该是艾丽市长，她来看你了。"

艾丽不满道："夏侯，这么优秀的人才，怎么才是个小小的警员？我看应该提拔为副警长！"

"从一名实习交警一下子提拔为副警长！"大伙惊呆了，这可是坐着火箭往上提拔呀。

自从白雪当了副警长后，手底下的队长、副队长、还有一些老警员就处处为难白雪。一天，在食堂里，副队长犀牛率先发难道："小兔子，我们来比比谁的力气大！"

白雪拿起桌上一捆筷子说："你如果能把它们折断了，副警长的位置就归你！"

犀牛使出了吃奶的劲，也没能把一捆筷子折断，只好说："我折不断，你也折不断！"

白雪解开这捆筷子，很轻松地一根根折断了，然后笑道："做事不能仅靠蛮力，还得靠大脑。"

"这么说你脑子好使了？我来考考你！"黑熊队长拿起桌上的 12 根筷子围成了一个三角形，然后得意地说："只移动 2 根筷子，让面积减少 $\frac{1}{6}$。"

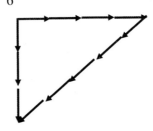

白雪看了看桌上的三角形，底为 4，高为 3，面积为 6，要让面积减少 $\frac{1}{6}$，也就是减少 1。想到这里，她很快就移动了 2 根筷子：

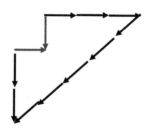

**【挑战自我17】**

由 8 根火柴棒搭成 1 个正方形，如何移动火柴棒（不减少火柴棒的总数），使新图形的面积是正方形面积的一半？

# 记者招待会

"嗨，令狐聪，为什么不去找我？"白雪在街上拦住了令狐聪。

令狐聪看着身着副警长制服的白雪自嘲道："你现在可是大警长，我在你眼里还是个小偷，咱俩井水不犯河水！"

"哦，令狐聪，别这样，今天新市长召开记者发布会，我……我有点紧张，想请你帮帮我。"白雪哀求道。

夏侯警长道："各位记者，下面请新市长艾丽小组讲话。"

艾丽市长说："各位记者，这起动物城居民失踪案，全都是食肉动物，而且他们目前的状态十分糟糕，具体案情待会儿白雪警官会和大家讲的……"

白雪紧张得不知所措："令狐聪，我太紧张了，闪光灯一闪，我的头都大了，怎么回答他们的问题呢？"

令狐聪笑道："应付记者，你得学会打太极。"

"打太极？"白雪挠了挠头，不明白其中的意思。

令狐聪解释道："打太极，简单点说就是，把记者的问题还回去，自己提问题自己答。"

"请问白雪警官，这次失踪的居民都有发狂的症状，你认为这是什么原因造成的？"

……

白雪面对记者连珠炮似的发问，一时头发昏，忘记了令狐聪教的方法。"这……这个，我认为食肉动物发狂可能、也许和他们的 DNA 有关。"

"DNA，那是遗传基因，也就是说所有的食肉动物都有可能发狂，是吗？"

"这……这……有可能吧，因为这次发狂的动物全是食肉动物。"

白雪的话如同一颗炸弹在动物城爆炸了，食草动物见到食肉动物都避开走，而且有些商场挂出了不准食肉动物进入的标语……

"乱套了，全乱套了，我只是想提醒一下居民，没想到会出现这样的情况。"白雪来到市长办公室。

"别慌，我下一步准备把大型食肉动物赶出动物城，或者令他们出门必须戴上钢丝嘴套。"艾丽市长一边玩着游戏一边说道。

"市长，你怎么会有这样的想法？这对食肉动物不公平！"

"公平？哼，这些欺负人的家伙，我要把他们全都赶出动物城！"

"哦，亲爱的白雪警官，你别介意，艾丽市长小时候被这些大型食肉动物欺负过，所以现在她特别恨他们。"一旁的市长助理梅花鹿解释道。

"白雪，大家都说你聪明过人，你快来帮帮我玩成这个打狼的游戏！"

白雪似乎明白了艾丽为什么让自己出席记者发布会了，她想让白雪说出自己心中的话。

"白雪，别发愣啊，把这个图分成四块，每块形状大小要相同，而且每块中必须有一匹狼和一把枪。"

"艾丽市长，这是我最后一次帮你了！"说完白雪把自己的警徽交了艾丽，她决定辞职了。

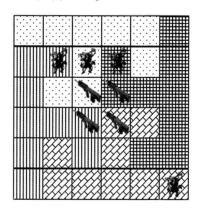

**【挑战自我18】**

　　猪伯伯老了。一天，他把4个儿子叫来，说："我老了，今后你们要靠自己种地了，在我们家的土地上有4幢房子和4棵果树，你们平均分一下吧。记住，每块地里必须有一幢房子和一棵果树，这样耕种和采摘也方便。"

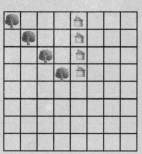

126

## 路遇黄鼠狼

"你能说个辞职的理由吗?"夏侯警长瞪着他的牛眼,不解地问道。

"从警为民,保一方平安,可现在却因为我,动物城的居民们互不信任……"白雪脱下警服,交出了佩枪。

"唉,这不能全怪你,你就回兔子屯当社区民警吧!"夏侯签了调令。

白雪回到了他朝思暮想的大平原,这里有她的家乡——兔子屯。白雪一路上闻着花香、啃着胡萝卜、哼着小曲。

"嗨!小兔子,买蛋吗?"突然从路边的草丛里钻出一只黄鼠狼,背着一个鼓鼓囊囊的大袋子。

白雪咬了一口胡萝卜,笑道:"我只吃这个,不吃蛋。"

黄鼠狼环顾四周,发现没人,把袋子打开后说道:"瞧你这小胳膊小腿的,正好吃点鸡蛋补补身子。"

正在这时,一只母鸡焦急地追赶过来,一边哭一边问道:"瞧见我的蛋宝宝了吗?瞧见我的蛋宝宝了吗?"

"我没看见,不过这位黄鼠狼先生正好在卖鸡蛋。"白雪指着想溜的黄鼠狼说道。

鸡妈妈一听,飞扑过去:"你这偷蛋贼,还我蛋宝宝!"黄鼠狼抱紧袋子,慌慌张张地说:"我……我的蛋是在路边捡来的。"

"路边捡的是野鸡蛋，蛋壳应该是绿的，可你袋里的鸡蛋明明不是野鸡蛋啊。"

白雪又问道："鸡妈妈，你的蛋宝宝上有记号吗？"鸡妈妈摇了摇头，谁会在自己的蛋宝宝上做记号呢？黄鼠狼得意地说："人家说黄鼠狼偷鸡，谁听说过黄鼠狼偷蛋的？"

白雪为了保护蛋宝宝，说道："你有多少蛋，我全买了。"黄鼠狼可不傻，他眼珠一转笑道："这蛋我不卖了！"

白雪只好从行李中拿警服穿上，严厉地说道："你涉嫌偷盗，我要拘捕你。"

"哈哈，别逗了，这警服从哪买的？赶明我也买套穿穿，吓唬一下那些小笨鸡。"黄鼠狼笑道。

"买的？那这个电警棍你是不是也想买一根？"白雪拿出电棍对着黄鼠狼一点，痛得黄鼠狼跳了起来。

"妈呀，这玩意是真的，别过来，要不然我摔了这些蛋宝宝！"黄鼠狼叫道。

鸡妈妈慌了，连忙问道："别摔！你说，你要怎样才能把蛋宝宝还给我？"

黄鼠狼眼珠一转，说道："如果你能算出我这袋里有多少个蛋，我就送给你。"

白雪爽快地说："一言为定！算不出来，我们就承认你的蛋是捡来的。"

黄鼠狼想了想说："我的袋里不足 20 个蛋，3 个 3 个地数，最后余 1 个, 4 个 4 个地数, 最后也余 1 个。你说我的袋里有多少个蛋?"

白雪脱口而出: "13 个!" 鸡妈妈连连点头: "对, 我这窝蛋正好 13 个!"

黄鼠狼笑道: "哈哈, 错了, 我这袋里根本不止 13 个蛋, 不信你们数数!"。白雪心想, 没错呀, 怎么可能不是 13 个蛋呢? 她打开口袋认真地数了起来: 1、2、3、……12、13, 正好 13 个。白雪抬头刚想责问黄鼠狼, 可是, 除了空气中留下的淡淡的臭屁味, 哪还有黄鼠狼的影子呢。

**【挑战自我19】**

一筐桃子, 4 个一数多 3 个, 6 个一数多 5 个, 15 个一数多 14 个, 这筐桃子有多少个?

# 走马上任

"起床啦, 太阳都晒屁股了!" 白雪妈妈端来了早饭, 拉开了白雪房间的窗帘。

白雪伸了个懒腰, "还是家里舒服啊!"

"快点吃早餐, 今天是你第一天报到的日子, 可别迟到了!" 白雪妈妈提醒道。

"哎呀，我怎么把这事给忘记了，来不及了，我和叶镇长约好9点见面的！"白雪一看时间快8点了，穿上衣服就出门了。

"嗨，白雪，风风火火地去哪儿呀？"早餐车上的张伦阿姨问道。

"上班，快来不及了！"

"早餐还没吃吧，这是胡萝卜饼，记得要吃早餐哟。"

"谢谢张伦阿姨，过会儿见！"

当白雪来到兔子屯社区派出所时，叶镇长正好从里面出来，笑道："白雪大警长，今后兔子屯的安全可就交给你了。"

"叶镇长，你给我介绍一下派出所里的警员吧。"

"哈哈，不用介绍了，上至所长、下到警员都叫白雪！"

"啥？那我不成了光杆司令了吗？"

"夏侯警长都告诉我了，你这么聪明，肯定能应付得过来。我有事先走了，这是我的电话号码，有事打电话。"说完叶镇长塞给白雪一张纸条就走了。

白雪打开纸条一看，只见上面写着：

电话号码：□□÷□=□□……8

白雪心想：纸条上只有一个数字8，其他方框中一个数字也没有，这与叶镇长的电话号码有什么联系呢？白雪只能独自回到所里思索。

正当白雪百思不得其解时，派出所里的电话铃声响起来了，"白雪，下班后记得回家吃饭，我做了你最爱吃的胡萝卜丝饼。"

白雪看到电话机上写着本机号码为 995110（派出所电话号码：救救我 110），她眼前一亮，如果能破译出叶镇长的这道算式，这 6 个数字连起来不就是叶镇长的电话号码吗？

白雪拿出纸和笔开始认真分析起来：余数是 8，根据余数要比除数小，可以确定算式中的除数只能是 9，那商就只能是 10 了，如果商大于 10，比如是 11，它和除数 9 的乘积是 $11 \times 9 = 99$，再加上余数 8，结果就是 107 了，不符合被除数是两位数的条件。想到这里，白雪很快就填好算式了，$98 \div 9 = 10 \cdots\cdots 8$。

白雪很快就破译了叶镇长的电话号码——989108。

"嘟……嘟"，白雪拨通了叶镇长的电话，"喂，叶镇长吗？我是白雪。"

"哈哈……白雪警长真是名不虚传！你已通过了我的考核，兔子屯的安全就交给你了！"电话里传来了叶镇长爽朗的笑声。

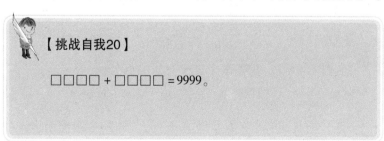

【挑战自我20】

$\square\square\square\square + \square\square\square\square = 9999$。

# 午夜狼嚎的真面目

秋天的兔子屯呈现出一片丰收的景象，可是白雪却高兴不起来，因为这个季节也是偷盗案常发的季节。

这不，兔奶奶哭哭啼啼来到派出所报案："哪个缺德鬼把我家桃全偷了！这可是我留做过冬的食物啊，呜……"

白雪给兔奶奶泡了一杯茶说："奶奶，发生了什么事？"

"这个星期我外出了四天，可当我回到家时，发现我家院里桃树上的桃子全被人偷吃了。白雪，你一定得帮我找出这个可恶的小偷！"

白雪随兔奶奶来到桃树底下，她围着桃树转了转，又闻又看，还拍下了几张照片，便自信地说："奶奶你放心，过一会儿我就让小偷把桃子还给您！"

白雪在街上发现黄鼠狼正在悠闲地散步，她上前一个扫堂腿，黄鼠狼摔了个四脚朝天，白雪趁机把黄鼠狼给铐上了。

"为什么抓我，我可是个安分守法的好公民！"

白雪笑道："没什么，就是想请你到派出所喝茶。"

"说，前几天你到兔奶奶家去干什么了？"在派出所里，白雪厉声问道。

"桃子不是我偷的，你没有证据不能乱抓人！"

白雪笑道："证据你自己刚才都说出来了，我可没问你是否偷了桃子，你却说自己没有偷桃，这不是做贼心虚吗？"说完，白雪把现场的照片拿了出来，说道："现场的脚印与你的一模一样，而且你在桃树底下放的屁，现在桃树周围都很臭。"

黄鼠狼低下头，悔恨当初多吃了几个桃，憋不住放了个屁，留下了把柄。

"快说，你一共偷了多少桃子？"

"我忘记了，只记得第一天偷吃了当时树上桃子的一半，回家时还摘了一个当点心；第二天也吃了当时桃树上的一半，回家时又摘了一个当点心；第三天还是吃了当时桃树上的一半，又摘了一个回家当点心；第四天我把树上最后一个桃子也偷吃了。"

白雪想了想说："你四天一共偷了兔奶奶 22 个桃子，现在罚双倍，你立刻买 44 个桃子送给兔奶奶。"

兔奶奶好奇地问道："白雪，你怎么知道共偷了 22 个桃？"

白雪自信地说："用倒推法，第四天树上还有 1 个桃，可知第三天吃了以后还有（1 + 1）×2 = 4（个），第二天吃了以后还有（4 + 1）×2 = 10（个），所以原来共有（10 + 1）×2 = 22（个）桃子。"

"可是……可是，我没钱啊？"黄鼠狼吞吞吐吐地说道。

"没钱，那就以工代罚，帮兔奶奶到田里拔萝卜抵债！"

黄鼠狼被罚拔了一天的萝卜，累得趴在田埂上，看到田埂上有许多漂亮的红色花朵，伸手刚想摘一朵，兔奶奶连忙叫道："别碰，那花有毒！"

"这么漂亮的花会有毒?"白雪好奇地问道。

兔奶奶点点头说:"这花叫西红花,老人也叫它午夜狼嚎,有驱虫的功能,但是如果误食了这种花会使人发狂,如果误吃了果子,会使人上瘾。"

"午夜狼嚎,午夜狼嚎,哈哈……我知道原因了,午夜狼嚎!"白雪突然间大笑起来。

**【挑战自我21】**

小明去银行取款,第一次取了存款的一半还多5元,第二次取了余下的一半还多10元,这时存折上还剩125元,他原来的存款是多少元?

## 黄鼠狼供出的线索

"丁零零……"黄鼠狼的手机响了起来。

"喂,我是臭屁王,有事快说,有屁就放!"黄鼠狼嘴一出溜,把自己的绰号给说了出来。

"哈哈,人证物证我全有了,真是天助我也!"

黄鼠狼因有贩卖危险物品的嫌疑被关了起来,"喂,你这死兔子,为什么关我?"

"想要点提醒?你还记得那吃了会上瘾的棒棒糖吗?还有

种子店里的西红花种子被盗案，这些全和你有关吧。"

"你没有证据，不能乱抓人，24 小时后你必须放我走！"

白雪见黄鼠狼死活不肯招供他为什么收集西红花种子，只能求助于令狐聪了。

"令狐聪，我是白雪，我找到午夜狼嚎了，原来那是一种花，我还抓住了臭屁王，你快来帮我吧！"白雪在电话里哀求道。

"你这小兔子，怎么这么喜欢管闲事？我可不想陪你去送死！"令狐聪一句话就回绝了白雪。

"你这死狐狸，如果你不想今后上街被铁丝笼封嘴，就给我滚过来！"白雪在电话里骂道。

很快，令狐聪开车来到了兔子屯派出所，白雪开心地笑道："哈哈，我就知道你令狐聪不会不管我的，说定了，破了案我请你吃饭！"

"这还差不多，不准食言！"本来怒气冲冲的令狐聪听说有饭吃，心情顿时好了许多。

"令狐聪，这就是臭屁王，他死活不肯招供。"

"不招供？你派出所里有老虎凳、辣椒水吗？"令狐聪上来就问道。

黄鼠狼听后怒道："你们这是刑讯逼供，我要告你们！"

"告我们，这小兔子是警察，我跟你一样，原来也是小偷，不过我现在是警长助理了。"令狐聪得意地来了个自我介绍。

"助理大哥，看在我们原来是同行的分上，你就放了我吧，说出来，他们会杀了我的。"黄鼠狼也怕了。

"用刑！"

"不能对嫌疑犯用刑！"

令狐聪看到桌上有刚采摘的西红花，笑道："不用刑，那就喂这家伙吃花，说不定一发狂，他就把什么都讲出来了。"

黄鼠狼看到令狐聪拿着西红花走向自己时，心理防线立刻垮了，"别、别、别这样，我说、我说，我偷西红花种子是卖给山羊公爵的。"

"具体点！"

"他们的地址就在动物城废弃的兵工厂里，大哥，我真的不知道山羊公爵要种子干吗呀。"

"你要知道骗我的下场！"令狐聪摇了摇手中的西红花冷笑道。

"事不宜迟，我们现在出发！"白雪拉上令狐聪开着摩托，一路狂飙。

"慢点，你不要命啦！"令狐聪吓得闭上了双眼。

白雪把车停在废弃兵工厂的围墙外，对令狐聪说道："现在的任务交给你了，在墙角下挖一个洞，我们悄悄地溜进去。"

洞挖好了，白雪和令狐聪趴在洞口仔细观察兵工厂内部的情况，"瞧，屋顶上有全副武装的哨兵！"

白雪趴在地上一动不动，足足有十几分钟，然后望着灰头土脸的令狐聪问道："你最快的速度每秒能跑多少米？"

"跑过去？不行，太远了，万一被发现了，我俩准成靶子了，我可不想挨枪子。"令狐聪把头摇得像拨浪鼓似的。

白雪说道："你看，从这里到房子底下有 250 米，屋顶上前后的哨兵每十分钟交换一次，每次交换的时间是 30 秒。"

"你等等，我得先算算，我可不想拿生命开玩笑，我最快的速度是每秒 8.2 米，乘以 30 等于 246 米，不行，到不了屋底！"

"现在是顺风，风速每秒有 1 米，所以你最快可达每秒 9.2 米，30 秒可以跑 276 米。"

白雪不顾令狐聪的反对，他瞅准时机，拉着令狐聪飞一般地朝房子底下跑去。

**【挑战自我22】**

　　一架飞机所带的燃料最多可以用 6 小时。飞机去时顺风，每小时可以飞 1500 千米，飞回时逆风，每小时可以飞 1200 千米。请问这架飞机最多飞出多少千米就需要往回飞？

# 羊市长的阴谋

"太刺激了，我的小心脏都快要从胸口跳出来了！"令狐聪喘着粗气，拍着自己的心口说道。

白雪指了指大门，轻声说道："我们从大门悄悄地溜进去！"

令狐聪反对道："连屋顶上都有哨兵，从大门进去，这不是自投罗网吗？"

"那从哪里进屋？"

令狐聪环顾四周，指着不远处的下水道笑道："从这里进去最安全！"

"下水道！不行，上次听了你的主意，我差点没淹死在马桶里，这一次打死我也不听你的了。"白雪摇摇头表示反对。

"没办法，那我们只能从排风口进去了！"

黑漆漆的排风管道中，传来阵阵香味，而且越来越浓，令狐聪轻声问道："白雪，这香味好熟悉啊。"白雪深深地吸了口气，说："对，西红花，这是西红花的味道！"

前方透进一丝光线，白雪透过排风窗口往外瞧，"全……全是西红花！"

令狐聪非常娴熟地拆下排风窗，引得白雪一阵嘀咕："梁上君子非你莫属。"

屋内一排排西红花开得争奇斗艳，"这么多西红花是谁种植的呢？有何用途呢？"一连串的问号在白雪脑海中浮现。

"来人了，快躲起来！"令狐聪和白雪藏到了花架的底下，只见两只山羊进入花房，其中一只个头较小的山羊拿出一份纸说道："公爵大人，这是艾丽给你的名单，让你今天晚上执行。"

山羊公爵接过名单，阴冷地笑道："这么多？看来今晚动物城又要沸腾了。"

"对，艾丽就想动物城乱起来，那她的驱赶计划就可以实行了！"

"告诉艾丽，答应我的酬劳一分也不能少，我保证今晚名单上的 100 个食肉动物全部发疯！"

当两只山羊从花房里的实验室出去之后，白雪和令狐聪透过实验室的玻璃发现里面有一台仪器，正在把一朵朵西红花制成一颗颗子弹。

"我明白了，这一切都是艾丽市长的阴谋，她想驱赶或囚禁食肉动物，控制动物城！"白雪明白了这一切的幕后黑手正是一直利用自己、刚刚升为市长的艾丽。

"太可恶了，我要销毁这一切，把艾丽的阴谋揭开！"白雪握紧拳头，坚定了自己的正义信心。

"你首先得想办法进入到实验室才行啊，你瞧，这可是最先进的指纹锁！"令狐聪对这种锁也是无能为力。

白雪拿起山羊公爵刚刚用过的水杯，用紫外线一扫描，乐道："指纹有了！"

复制指纹可是警官学校的必修科目，白雪很快就搞定了。当白雪用复制的山羊公爵的指纹按在显示屏上时，显示屏上出现了一行字：小白羊、小黑羊、小灰羊在集市上各买了一条裙子，3 条裙子的颜色分别是白色、黑色、灰色。回家的路上，一只羊说："我一直都想买一条白裙子，今天总算如意了！"停顿了一会儿，它又说道："我们今天可真有意思，小白羊没买白裙子，小黑羊没买黑裙子，小灰羊没买灰裙子。"小黑羊说："你说得不错，还真是这样的。"请你根据它们的对话，判断小白羊、小黑羊、小灰羊各买了什么颜色的裙子？

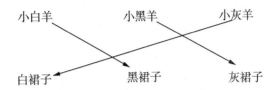

"太绕了，我的头都被绕晕了！"令狐聪挠挠头说道。

"太简单了，根据对话，可推断出小灰羊买了白裙子，小黑羊买了灰裙子，小白羊买了黑裙子。"白雪说完，在显示屏上连了线，实验室的门打开了。

【挑战自我23】

某商场发生了一起盗窃案，现在警方锁定了三位嫌疑人，有关信息如下：

1. A、B、C中至少有一人有罪；

2. A有罪时，B、C与之同案；

3. C有罪时，A、B与之同案；

4. B有罪时，没有同案者；

5. A、C中至少有一人无罪。

问：他们三人中谁是罪犯？

## 上演一出好戏

"我要把这里砸烂了!"白雪愤怒道。

"砸了,人家会再建一个!"

"那我就把这里的一切公布于众!"

"真是只天真的小兔子,说不定羊市长会嫁祸给你!"令狐聪笑道。

"那怎么办?总不能眼睁睁地看着艾丽的阴谋得逞吧。"白雪一屁股坐在地上,他第一次感到了自己的无能。

"我有一个计划,可以让真相大白于天下。"令狐聪慢悠悠地说道。

白雪一跃而起,抱着令狐聪兴奋地问道:"快说,什么计划?"

"我这计划共分三步,第一步,想办法把艾丽吸引过来;第二步,让艾丽亲口说出自己的阴谋;第三步,我们把艾丽的阴谋发布出去。怎么样,我的计划完美吗?"令狐聪得意地说道。

"屁话,这三步,一步也实现不了。"

"都说机灵的小兔子,我看你就是一只笨兔子,你难道不会想办法一步一步实现吗?比如把这实验室的枪和西红花制造的子弹全偷了,艾丽今晚的计划就泡汤了,她能不急着赶来吗?再比如……最后,你的胡萝卜录音笔就只能偷录像我这样老实人的话，艾丽这种大阴谋家的话不能录？"

白雪听完令狐聪的方案，第一次用欣赏的眼光认真地打量着令狐聪，看得令狐聪心里扬扬得意，笑道："小兔子，别崇拜哥，哥就是一传说。"

说干就干，令狐聪偷偷把西红花子弹全藏在花盆里，枪里的子弹换成了白雪送给他的蓝莓，而白雪则把实验室的器材全砸烂了。

废弃兵工厂里警报声大作，里面的山羊军队正在四处搜寻闯入者，而白雪和令狐聪正躲在通风管里等待艾丽。

不出令狐聪所料，艾丽在得知消息后匆忙赶了过来，怒道："掘地三尺也要把闯入者找出来！"

正当两个家伙为自己的得意之作而暗暗高兴时，白雪的手机传出"小兔儿乖乖，把门儿开开，快点、快点……"

"你这死兔子，为什么又不关机，我被你害惨了！"令狐聪拉起白雪跳出通风口，朝大门跑去。

"手提箱掉了！"

"别管了，逃命要紧！"

"10米、9米、8米……"眼看就要逃出屋子了，"呼"的一声，自动门关上了。

"你去破解密码，我来对付艾丽和士兵！"

令狐聪一看密码锁显示屏上的提示：有9只杯子，全部底朝上，每次翻动4只杯子，经过多少次可以使9只杯子全部口朝上？

令狐聪叫苦道："完了，完了，这密码根本无法破解。"

"为什么？"

"每次翻 4 只，不管翻多少次，和总是偶数，不可能是奇数，所以根本不可能把 9 只杯子全部口朝上。"

艾丽打开手提箱，拿出里面的手枪，得意地笑道："怎么样，我设计的密码破解不了了吧？哈哈，我就是利用你们只知死解题不懂得变通的习惯，其实你只要双击一只杯子，就可删除掉一只，那剩下的 8 只杯子，每次翻 4 只，那是不是很简单呢？"

艾丽把手枪瞄准了他们，说："不过，现在你们没有机会了！"

白雪说道："慢，虽然我要死了，但你能告诉我，种西红花、枪击食肉动物，这一切都是你安排的吗？为什么？"

艾丽笑道："告诉你也不要紧，因为我恨食肉动物，他们任意欺负我们食草动物，我要把他们赶出动物城，把他们关起来！这样动物城就是我们的天下了，我就是动物城的女皇！"

"你要杀我？但我要告诉你，我是警察，袭警可是很重的罪，到时警察肯定会搜查这里，那时你也逃不掉！"白雪挺了挺胸膛说道。

"哦，可爱的小兔子，临死了还在为我考虑，不过，这次你不用担心，这红狐狸可以为我背黑锅啊。一只疯狐狸在废弃兵工厂种植西红花，发疯后咬死了白雪警官，我，艾丽可是来救你的，可惜来晚了，我们的白雪警官壮烈牺牲了……"

"呼"的一声枪响，令狐聪中枪了，瞬间，令狐聪露出了他的尖牙，双手掐住白雪，张开大嘴……

"别、别这样，令狐聪，我们是好伙伴，你不要发疯！"白雪挣扎着逃脱了令狐聪的利爪。

艾丽："哈哈，让我们一起来欣赏狐狸抓兔子的游戏吧！"

时间一秒一秒地过去了，突然，天空中传来直升机的声音，夏侯警长带着警队包围了这里，特警们从四面八方冲进兵工厂。

"夏侯，快抓住这疯狐狸，是他做了这一切！"艾丽没想到夏侯这么快就得到消息了，她想嫁祸给令狐聪。

刚才还疯狂的令狐聪突然停了下来，露出得意的笑容，"谁说我疯了？不过，你刚才讲的疯话，全动物城的居民都听到了。"令狐聪得意地摇了摇胡萝卜录音笔和音频发射器。

"你不是中枪了吗？"艾丽不相信这一切是真的。

"中枪？哦，对了，谢谢你蓝莓，这可是我的最爱！"令狐聪掏出刚才击中自己的蓝莓。

动物城失踪案告破了，真正的元凶抓到了，解药也研制出来了，白雪和令狐聪成了动物城的功臣，他俩的雕像立在了市民广场。要想找到他俩，就去动物城警察局吧！

**【挑战自我24】**

7个杯口向上的杯子，每次只能翻3个杯子，要使杯子的杯口全部向下，最少要翻动几次？

## "包青天"破案记

在北宋时期，有一个人名叫包拯，他当官不畏权贵，不徇私情，清正廉洁，深得民众的爱戴，后人称其为"包青天"。

# 智除土匪张麻子

包拯天资聪明，在公元 1027 年考取进士，后被朝廷委任为安徽天长县（今安徽省天长市）的知县。包拯刚到天长县，发现这里人烟稀少，田地荒芜，便找来一老农夫问道："大爷，现在是播种时节，为何田间无人啊？"

农夫长叹一声道："唉，全是山里的土匪张麻子闹的，人都逃荒去了。"

包拯怒道："展昭、王朝、马汉、张龙、赵虎听令！速去查明土匪张麻子的情况，我要清剿这帮土匪。"

展昭等人经过调查，得知张麻子和官商勾结，害得天长县民不聊生。

"报告包大人，张麻子明天在他山寨的山洞里举办六十寿宴，邀请了本县的乡绅土豪。"

包拯踱着方步，捋着胡须，深思了片刻后说："今天我也收到两张请帖，我们借机混进去，然后来个里应外合，一网将其打尽。"

王朝为难道："两张请帖只能混进去两人，力量太弱了。"

展昭也摇了摇头说："这张麻子十分狡猾，每张请帖里有 2 张连一起的小票，进山寨时撕去一张，剩下一张进山洞时用。进了山洞再有事外出，则发给一张'特别通行证'，凭此证可以通行无阻，进出山寨只要给哨兵看一下就行，进入山洞则立刻收回。"

"这张麻子布置得够严密的，做事滴水不漏啊。"

包拯笑道："我有办法靠两张请帖混进山洞3人，混进山寨几十人。"

展昭一副百思不得其解的样子，问道："包大人有何妙计？"

包拯拿着两张请帖说："我们刚到天长县，张麻子肯定不认得我们，展昭，你先拿一张请帖进入山洞，然后借口有事领取一张'特别通行证'出山寨。"

展昭插话道："然后呢？"

包拯接着说道："这时王朝用'特别通行证'进山寨，用第二张请帖的1张小票进入山洞，再借口外出领取一张'特别通行证'出山寨，最后马汉和王朝一样也用同样的办法骗取一张'特别通行证'出山寨。"

展昭恍然大悟："我们有三张特别通行证，每批可以进山寨3人，然后把证给一人带出，再进山寨3人……这样我们就能混进山寨几十人了，最后能有3人进入山洞中。"

包拯严肃地说道："各位捕快听令，明天展昭、王朝、马汉进入山洞，其他捕快混进山寨后埋伏在洞外，等酒过三巡后来个里应外合！"

**【挑战自我1】**

　　有一个人带了一只猫、一只白鼠、一盘米饭，到了一条小河旁。河里只有一条小船，他每次只能带一样东西过河，可当他不在的时候，鼠会吃米，猫又会吃鼠。请想一个办法，让他能安全地把三样东西都带过河。

　　点拨：每次只能带一样东西过河，所以这三样东西并不能全在他身旁。通过题意会知道，猫不吃米，猫和米在一起没有人时不会有损失。那就要想办法，不让猫和鼠在一起，也不能让米和鼠在一起。

# 擒贼先擒王

　　包拯一举消灭了天长县最大的一个土匪，其他的一些小土匪头目商定联合起来攻打天长县衙门，几百个土匪把小小的天长县衙门围了个水泄不通，包拯带着64名捕快被迫退守在一个正方形的塔楼上。

　　包拯布置好各位捕位的位置：

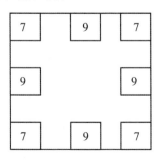

土匪们攻打了好几次都被没成功，夜幕降临了，马汉有些沉不住气了，叫嚷道："包大人，水和食物都没有了，与其这样被困死在塔楼，不如冲出去杀出一条血路来。"

王朝反对道："我们64人对付几百人，力量悬殊太大，吃亏的肯定是我们。"

张龙想了想说："兵书上说，擒贼先擒王，土匪们人虽然多，可都是一群乌合之众，只要我们想办法擒住这些土匪的头目，一旦这帮土匪群龙无首，他们肯定会树倒猢狲散。"

展昭点头道："办法虽好，可是我们一有风吹草动，这些土匪就立刻向他们的头目报告了。"

包拯看着塔楼上的兵阵，灵机一动，说："我有办法了，我既能让各个方向的土匪看不出我们守楼人数减少，还能抽调一些精英前去擒拿土匪头目。"

展昭不解，问道："请包大人明示。"

包拯用树枝在地面上画了几幅图：

| 7 |  | 9 |  | 7 |
|---|---|---|---|---|
| 9 |  |  |  | 9 |
| 7 |  | 9 |  | 7 |

| 8 |  | 7 |  | 8 |
|---|---|---|---|---|
| 7 |  |  |  | 7 |
| 7 |  | 8 |  | 7 |

| 9 |  | 5 |  | 9 |
|---|---|---|---|---|
| 5 |  |  |  | 5 |
| 9 |  | 5 |  | 9 |

| 10 |  | 3 |  | 10 |
|---|---|---|---|---|
| 3 |  |  |  | 3 |
| 10 |  | 3 |  | 10 |

| 11 |  | 1 |  | 11 |
|---|---|---|---|---|
| 1 |  |  |  | 1 |
| 11 |  | 1 |  | 11 |

包拯解释道："你们看，我们原来每面有 23 人守卫，通过变换，每个方向的守卫人数不变，最多却可以调出 16 名人员出来。"

夜深了，土匪们除了向每个方向派了几位站岗放哨的人员监督塔楼的情况，其他人都进入了梦乡。

展昭、王朝、马汉、张龙、赵虎每人带领几名武功稍强的捕快，乘着夜色悄悄地爬出了塔楼，潜进了土匪的大营，成功擒住了各个土匪小头目。

"你们的头目已被我们擒住，不想死的放下武器赶紧回家。"展昭高声地叫道，这些小土匪们见大势已去，纷纷扔掉手中的刀枪，抱头鼠窜，跑得无影无踪。

在包拯的带领下，天长县的匪患终于结束了。

【挑战自我2】

在古代，有一道著名的藏盗问题，内容是这样的：在一个灯塔上有 16 名哨兵，四个边都站有 7 人。有一次，8 个海盗弃船跑进哨所，苦苦哀求哨所的队长把他们藏起来。这时，海面上已能看见追兵的船只了，哨所队长想了想，把哨所人员的配置变换了一下，居然把这些海盗全都藏在了哨兵队伍里，从远处看，哨所的每边仍然是 7 人。你知道哨所队长是怎么办到的吗？

# 一网打尽

随着包大人对土匪围剿的进行，一个以"光头"为首的土匪组织躲到了多湖多岛的山水县，他们经常出来抢东西。为了消灭这些土匪，山水县的县令向包拯求助。包拯得知"光头"和他的七大副手散布在不同的岛屿上，他们定期到"光头"的住处碰头。

包拯为了更详细地了解情况，他装扮成游客，整整用了近一个月的时间，终于弄明白了这帮土匪的活动规律。

"包大人，侦察得如何？"山水县县令关切地问道。"我给大家带来一个好消息，一个坏消息。"包拯慢吞吞地说道。

"什么好消息？"

"土匪组织的主要成员全都在贵县，而且'光头'的住所也在贵县。"

"那坏消息呢？"

"土匪很谨慎，七大副手居无定所，而且七人向'光头'汇报情况的时间也不同，分别是隔 1 天、2 天、3 天、4 天、5 天、6 天、7 天去一次。"

"把光头抓起来，让土匪组织群龙无首！"山水县的县令建议道。

"不行，抓了光头，他的手下肯定会报复，到时百姓就遭殃了，只有等机会来个一网打尽。"包拯反驳道。

"这些土匪如此狡猾，我们得等到何时呀？"

包拯静静地思考了一会儿，说道："知道了！"

"1、2、3、4、5、6、7 的最小公倍数是 420，在他们开始会面的第 421 天，光头将会和他的七大副手同时会面，这将是我们一网打尽的最好时机。"

经过耐心的等待后，机会终于来了，在包拯的带领下，他们一举成功抓捕了土匪组织的所有骨干成员。

**【挑战自我3】**

1 路、2 路、3 路公交车都在市民广场发车。1 路车每隔 8 分钟发一辆，2 路车每隔 15 分钟发一辆，3 路车每隔 9 分钟发一辆。当这三条路线上的车同时发车后，至少再过多长时间又会同时发车？

# 蜡烛里的秘密

午夜时分，一阵急促的击鼓声惊醒了刚刚入睡的包拯。

"什么事？"包拯穿好衣服来到大堂，只见王员外的夫人已经在那里泣不成声。

"快快起来，有什么紧急情况？"包拯扶起了王夫人。

王夫人道："包大人，我家王员外被杀了！"

"人命案?"包拯和展昭立刻来到王员外家,只见杀人现场上没有明显的搏斗痕迹,只是桌台上的蜡烛掉在了地上。包大人拾起蜡烛,发现一共有两支蜡烛,一粗一细,一长一短。

王员外家共有四人:王员外、夫人、婢女、管家。包拯问道:"你们最后见到王员外是什么时候?"

婢女说道:"戌时(相当于现在的晚上7点至9点)刚到,我给老爷点了两支新蜡烛,那时夫人也在。"王夫人点头道:"我和王员外谈话到戌时结束(晚上9点)时才走的。"

这时婢女又说道:"这蜡烛粗的能点两个半时辰(5小时),细的能点两个时辰(4小时)。"

这时管家说话了:"王员外让小的去钱庄取一个箱子,我亥时三刻(晚上9点45分,一刻为15分钟)回来的,那时老爷已经熄灯睡觉了。"

包大人听了三人的回话后,让三人回房等候。

展昭摇摇头说道:"包大人,这案子毫无头绪,无从下手啊。"

包大人手拿两支蜡烛,笑道:"欲破此案,全靠这两支蜡烛了。"

"蜡烛破案?"展昭丈二和尚摸不着头脑了。

包大人说:"展昭你看,这剩下的两个蜡烛头中,一个长度是另一个的4倍,如果细算一下,就能得知蜡烛灭的时间了。"

展昭更纳闷了:"这蜡烛也能看出时间?"

包大说道："假设蜡烛原来的长度是 $s$，燃烧 $x$ 个时辰后落地熄灭了，那么粗蜡烛燃烧了全长的 $\frac{x}{2.5}$，剩下的长度为 $(1-\frac{x}{2.5}) \times s$，细蜡烛燃烧掉的长度为 $\frac{x}{2}$，剩下的长度为 $(1-\frac{x}{2}) \times s$。因为粗蜡烛的长度是细蜡烛长度的 4 倍，可以列出方程：$(1-\frac{x}{2.5}) \times s = 4 \times (1-\frac{x}{2}) \times s$，可得 $x=1.875$，也就是两个时辰差一刻。"

展昭恍然大悟："这么说，管家说亥时三刻王员外的灯灭了，是谎话，他肯定有问题。"

经过取证，果然是管家贪图王员外的钱财，杀死了王员外。

**【挑战自我4】**

　　有两支粗细不同的蜡烛，细蜡烛之长是粗蜡烛之长的 2 倍。细蜡烛点完需一小时，粗蜡烛点完需两小时。有一次停电，将这两支蜡烛同时点燃，来电时，发现两支蜡烛所剩下的长度一样，问停电多少时间？

# 包拯分铜钱

一天中午，包拯吃完午饭，刚想休息片刻，衙门外就传来击鼓声。包拯以为又有案件发生，立刻升堂。

"威武……"

包拯来到大堂，只见跪着一胖一瘦两个农夫打扮的人，便问道："下跪何人？有何冤情？速速报来!"

只见瘦农夫说道："包大人，我们今天就想请你给我们评评理，重新分一下铜钱。"

包大人眉头一皱，说道："什么钱这么难分，要闹到衙门来?"瘦农夫特别委屈道："今天我们两人在田地干活，我带了3个馒头、胖子带了5个馒头当午餐。正当我们准备吃饭时，有一个商人经过，想让我们分一些食物给他，并答应给我们钱。"

包拯问道："是不是商人吃了馒头没付钱?"胖子接过话说道："我们三人把8个馒头平均分成了三份，每人吃了一份，那个商人吃完后留下8个铜钱就走了。"瘦农夫连忙说："对，可是8个铜钱，你不应该只给我3个，你拿5个啊，应该平均分!"胖农夫反驳道："可我拿出来的馒头比你多，所以应该多分一些。"

包拯明白了事情的经过，对瘦农夫说："你拿3个铜钱不满意是吗?"瘦农夫点点头说："是的，分钱应该公平合理。"

包拯走下大堂，说："把铜钱给我，我重新公平合理地分一下。"

包拯取出1个铜钱给瘦农夫，7个铜钱给胖农夫，笑道："现在公平了!"

"啊，怎么会是这样？包大人，你怎么偏向胖子?"瘦农夫更不满意了。

包拯惊堂木一拍，说道："本大人的分法公平合理，8 个

馒头分三份，每份 $\frac{8}{3}$ 个，商人付了 8 个铜钱，也就是说 $\frac{1}{3}$ 个馒

头值 1 个铜钱；瘦子你拿出 3 个馒头，自己吃了 $\frac{8}{3}$ 个，也就是

说你只给商人 $\frac{1}{3}$ 个馒头，当然只能拿 1 个铜钱了；而胖子却拿

出了 $\frac{7}{3}$ 个馒头，所以应得 7 个铜钱。"

瘦子听完后暗暗后悔，可也无话可说。

"退堂……"

瘦子灰溜溜地走了。

【挑战自我5】

　　三户人家合建了一个花园，三家共同使用，但院内的卫生由住进去的三家女主人共同负担清理。于是，A 夫人干了 5 天，B 夫人干了 4 天，全部清理的活就干完了。因 C 夫人正在怀孕，就只好出了 9 块钱顶了她的劳动。请问，如果这笔钱按劳动量由 A、B 两个夫人来分，那么怎样来分才合理呢？

# 哪袋是假铜钱

　　包大人没事的时候总喜欢乔装打扮成平民，了解平民百姓

的生活。一天，包大人在市场上转悠时听到争吵声："你给我的铜钱有一枚是假的。""胡说，这铜钱是我刚从钱庄里拿出来的。"

包大人见那枚假币果然制作很精致，不用心看根本看不出是假的。包大人悄悄地对展昭说："假币事关重大，你速去查明假币的来源！"

展昭不解地问道："包大人，这假币明明是从钱庄出来的，我们何不进去搜一下。"

包大人笑道："如果是你，你会把假钱放在钱庄里等人来搜吗？我们必须要人赃俱获。"

展昭悄悄布置人员监视钱庄，果真在深夜发现一个形迹可疑的人把一张纸条塞进了钱庄大门石狮子的嘴里，就消失在夜幕中。

展昭拿出纸条一看，上面写着一首诗："村——长耳士兵无两足，牛走独木不慌忙，有人驾云上面走，一人当有一个口。"展昭为了防止打草惊蛇，又把纸条塞进了石狮子嘴里。

"包大人，这首名为'村'的诗是什么意思?"展昭问道。包大人想了想说："这诗的每一句都是一个字谜，意思是'邱生村会合'。"

第二天，包大人带着几位捕快埋伏在邱生村附近，中午时分，钱庄的人来到码头，从船上搬下了30个袋子，正准备装车运走，包大人带人包围了他们。"现在人赃俱获，你们私铸假币。"

展昭搜了几袋，发现全是真币，对着钱庄的一个随从说："快说，假币在哪里？"

这个随从哆哆嗦嗦地说："这30袋钱币，只有1袋是假币，真币每枚10钱，每枚假币比真币轻1钱（钱：古代的重量单位），具体是哪袋，我真的不清楚。"

王朝搬来称，正准备每袋称一下，包拯说道："不用这么麻烦，只要称一次就知道了。"

"称一次就能找出来？"大伙惊讶道。

包大人让人给30个袋子标上1~30号，再从各袋中取出与编号相同数目的钱币，一称重4630钱。

包拯信心十足地说："第20个袋子里的钱币是假钱！"

展昭打开一看，果然全是假币，他对包大人敬佩得五体投地，问道："包大人，你是如何知道的？"

包大人解释道："如果全是真币，应该重4650钱，可现在只有4630钱，少20钱，假币每枚少1钱，所以拿出的钱币应该有20枚是假币，所以第20袋里的钱是假币。"

**【挑战自我6】**

有十个袋子，每个袋子里有十枚金币，其中九个袋子里的金币每个重50克，只有一个袋子中的金币每个重49克，只能称一次，你能找出哪个袋子里的金币是49克吗？

# 盗贼分银

一天，包大人夜宿古寺，和方丈一起谈佛论经。半夜，一名小和尚被隔壁的响声惊醒，细一听，原来是几个强盗在寺院里偷了香火钱，正在分赃。

小和尚急忙跑到方丈的卧室，气喘吁吁地说："方丈，不好了，有强盗偷了寺院里的香火钱，正在我卧室的隔壁分赃呢！"方丈问道："你听清他们偷了多少两银子了吗？有几个强盗？"小和尚挠了挠头说："没听清，好像他们说4两一分多4两，半斤（古代一斤等于16两，半斤就等于8两）一分少半斤。"方丈为难道："不知人数，这可如何安排抓贼？"

包大人听后，胸有成竹地说："方丈你放心，这次他们来了3个人，共偷了16两银子。"方丈听说只来了3个强盗，立刻安排了十多位武僧前去抓贼，果然这伙强盗只有3个人，偷了16两香火钱。

事后方丈问包大人："包大人果真神奇，你是怎么知道来了3个强盗、偷盗了16两银子呢？"

包大人乐道："哈哈，不是我神奇，而是强盗们的话透露了信息，强盗们说每人分4两银子就多出4两，如果每人分8两银子就少了8两，就是说第二种分法需要的银子要比第一种分法需要的银子多出 $4+8=12$（两）；由于分银子的人数是一定

的，所以第二种分法比第一种分法每人多得 8 − 4 = 4（两）；由于每人多分 4 两就比第一种分法超出了 12 两，所以分银子的人数应该就是 12 ÷ 4 = 3（人），用 4 × 3 + 4 = 16（两），推算出他们一共盗得 16 两银子。"

**【挑战自我7】**

　　小朋友们去春游，如果每车坐 65 人，则有 15 人不能乘坐；如果每车多坐 5 人，恰好多余了一辆车。请问一共有几辆车？有多少学生？

# 巧分遗产

　　一天清晨，包大人值完夜班，刚刚进入梦乡，就被一阵争吵声惊醒。

　　包大人起床后，见十个青年男女正在吵得不可开交，问道："什么事?"

　　只见十人之中年龄最小的一个男子拿着一张纸说道："包大人，你要为我做主啊，这是我们去世的父亲留下的遗嘱，可我们却无法按要求分配遗产。"

　　年龄最大的一个男子叉着双手冷冷地说："如果无法按要求分配，遗嘱作废，平均分配遗产。"

俗话说清官难断家务事，何况是棘手的遗产问题。包大人皱了皱眉头，接过老人的遗嘱，只见上面写着："我已经老糊涂了，不知如何来分配遗产，但不管对不对，我现在已经决定把 500 两银子的存款全部分给我的 10 个儿女，不过他们不能平均分。我想孩子越小需要的钱越多，所以从大到小，一个比一个多分一些，但从老二起，每人比他的哥哥多分得的数额要一样，而且规定老八应得 70 两，因为老八是女儿。"

包大人踱着方步，大脑开始飞速地运转。要想解决这个遗产问题，第一步，关键是求出老大能分多少遗产，第二步要求出老二比老大多多少两。想到这里，包大人脑海中升起一个大大的 $x$。他拿出毛笔，在宣纸上列出一个方程：

解：设老大分得 $x$ 两，$x + \dfrac{500 - 10x}{1+2+3+\cdots\cdots+9} \times 7 = 70$，求出 $x = 14$，也就是老大分得 14 两，再根据 $\dfrac{500 - 10x}{1+2+3+\cdots\cdots+9}$ 求出老二比老大多分 8 两，推算出老二分得 22 两，老三 30 两、老四 38 两、老五 46 两、老六 54 两、老七 62 两、老八 70 两、老九 78 两、老十 86 两。

**【挑战自我8】**

　　三个兄弟的父亲临终前留下遗言，他死后留下的遗产中有 17 只羊，老大分其中的 1/9，老二分其中的 1/3，老三最小，分其中的 1/2。而且父亲一再叮嘱，一定要分整只整只的羊，不能宰了分。三兄弟分来分去，怎么也分不好，你有办法帮他们吗？

# 参考答案

★军鸽天奇破案记

【挑战自我1】240 个。

【挑战自我2】3 + 5 = 8。

【挑战自我3】95 分。

【挑战自我4】276；848。

【挑战自我5】(8 + 32) × (32 - 8 + 1) ÷ 2 = 500（根）。

【挑战自我6】29。

【挑战自我7】边长分别是：1、7、7；2、6、7；3、6、6；3、5、7；4、7、4；5、5、5；5、6、4；5、7、3；8 种。

【挑战自我8】一次 2 层、二次 4 层、三次 8 层、四次 16 层……30 次 1073741824 层，也就是大约 107374 米。

【挑战自我9】1 对 5；2 对 4；3 对 6。

【挑战自我10】4 × 3 × 2 = 24（种）。

【挑战自我11】三面涂色的在顶点上，有 8 个；两面涂色的小正方体在棱中间，有 2 × 12 = 24（个）；一面涂色的在每个面的中间，有 4 × 6 = 24（个）；六面都不涂色的在正中间，有 64 - 8 - 24 - 24 = 8（个）。

【挑战自我12】4、5；42；243；365。

【挑战自我13】每盒 30 元，妈妈带了 168 元。

【挑战自我14】第一筐 12 个，第二筐 72 个。

【挑战自我 15】先放第一、二两个烧饼贴第一面,过 3 分钟,拿下第一个,并把第二个翻过来,并放上第三个烧饼,过 2 分钟拿下第二个,并放第一个烧饼,过 1 分钟把第三个烧饼翻过来,再过 1 分钟取下第一个烧饼,再过 1 分钟三个烧饼全贴完了,只用了 8 钟。

【挑战自我 16】4。

【挑战自我 17】○ =(30),□ =(20),◎ =(15)。

【挑战自我 18】我 =(1),们 =(8),爱 =(3),数 =(2),学 =(5)。

### ★数学王子破案记

【挑战自我 1】圆周率的近似值是 3.14,所以伽罗瓦猜测 314 房间里的房客是凶手。

【挑战自我 2】25。

【挑战自我 3】120 米 = 12000 厘米,父亲的脚印共有 12000 ÷ 80 + 1 = 151(个),儿子脚印有 12000 ÷ 60 + 1 = 201(个),由于 80 和 60 的最小公倍是 240,即每隔 240 厘米就有一个重合的脚印,因此共有 12000 ÷ 240 + 1 = 51(个)重合的脚印。所以雪地上共留下 151 + 201 − 51 = 301(个)脚印。

【挑战自我 4】

| 6 | 7 | 2 |
|---|---|---|
| 1 | 5 | 9 |
| 8 | 3 | 4 |

## ★兔子白雪从警记

【挑战自我1】阴影部分面积是小正方形面积的一半，8平方厘米。

【挑战自我3】2小时。

【挑战自我4】肇事汽车的车牌号为1210。

【挑战自我5】找出去的79元和一件衬衫的成本18元，一共97元。

【挑战自我6】$3.14 \times 12746 \times 12746 \times 12746 \times \frac{1}{6} \approx 10836$ 亿（立方千米）。

【挑战自我7】2。

【挑战自我8】$(120 \div 5 + 9) \times 3 - 11 = 88$（岁）。

【挑战自我9】3235元。

【挑战自我10】智者可以向两个武士中的任意一个，不妨向武者士甲提出如下这个问题："请告诉我，武士乙将如何回答他手里拿的是美酒还是毒酒这个问题？"

如果甲说乙回答他手里拿的是毒酒，则事实上乙手里拿的肯定是美酒。因为如果甲说真话，则事实上乙确实回答他手里拿的是毒酒。又因为此情况下乙说假话，所以事实上乙拿的是美酒；如果甲说假话，则事实上乙回答的是他手里拿的是美酒，又因为此情况下乙说真话，所以事实上乙拿的是美酒。也就是说，不管甲乙两人谁说真话谁说假话，只要智者得到的回答是乙手里拿的是毒酒，则事实上乙手里拿的肯定是美酒。

同理，如果甲说乙回答他手里拿的美酒，则事实上乙手里的肯定是毒酒。

智者设计的这个问题，妙就妙在他并不需要知道两个侍者谁说真话谁说假话，就能确定得到的一定是个假答案。因为如果甲说真话，乙说假话，则情况就是甲把一句假话真实地告诉智者，智者听到的是一句假话；如果甲说假话，乙说真话，则甲就把一句真话变成假话告诉智者，智者听到的还是一句假话。总之，智者听到的总是一句假话。

【挑战自我11】

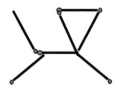

【挑战自我12】24 厘米。

【挑战自我13】答案：第一步：先将30 千克的铁链放在篮子里到达塔底。

第二步：让40 千克的侍女站进篮子到达塔底，30 千克的铁链达到了塔顶。将铁链从篮子里拿出，侍女依然待在篮子里。

第三步：让50 千克的爱人站进篮子。这样爱人到达塔底，侍女重新回到塔顶，并且先走出篮子，爱人也走出篮子。

第四步：将30 千克的铁链放进篮子送到塔底，然后50 千克的爱人也站进篮子，此时塔底篮子重量是（30＋50）千克，然后 90 千克的海乔走进篮子。这样海乔到达塔底，爱人和铁链到达塔顶。

第五步：拿出铁链，塔底的侍女站进篮子。这样爱人到达塔底，侍女回到塔顶。

第六步：将铁链装进篮子送到塔底，塔顶的侍女站进篮子，这样侍女也到达了塔底。此时三个人都已经留在了塔底，只有铁链留在了塔顶。

【挑战自我 14】$79365 \times 7 = 555555$。

【挑战自我 15】55。

【挑战自我 16】5 小时。

【挑战自我 17】

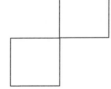

【挑战自我 18】

【挑战自我19】4、6、15 的最小公倍数是 60，所以这筐桃有 59 个。

【挑战自我20】1234 + 8765 = 9999。

【挑战自我21】550 元。

【挑战自我22】解：设飞机顺风飞行 $x$ 小时就要返回，则返回要用 $6 - x$ 小时。列出方程：$1500x = (6 - x)1200$，解得 $x = \dfrac{8}{3}$，所以最多飞出 $1500 \times \dfrac{8}{3} = 4000$（千米）就要返回。

【挑战自我23】B 一人有罪。

【挑战自我24】3 次。

## ★ "包青天"破案记

【挑战自我1】先划船把白鼠带过河，第二次再把猫带过河，放下猫后把先过河的白鼠再随船带回来，把白鼠放下，只带着米过河，然后划船回来，再把白鼠带过河。

【挑战自我2】

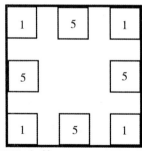

【挑战自我3】360 分钟。

【挑战自我4】设：停电 $x$ 小时，细蜡烛的长度为单位长度2，粗的为1，则细的每小时烧的长度是2，粗的是1/2，依题意列方程：

$$2 - x \times 2 = 1 - x \times \frac{1}{2}$$

$$2 - 1 = 2x - \frac{x}{2}$$

$$\frac{3}{2}x = 1$$

$$x = \frac{2}{3}$$

【挑战自我 5】A 夫人多干了 2 天，B 夫人多干了一天，所以 A 夫人得 6 元，B 夫人得 3 元。

【挑战自我 6】给每个袋子从 1 编到 10 号，然后按编号从袋子中取出相同的数量的金币称重，称出的重量比 $55 \times 50 = 2750$ 少多少克，那这个袋子里的金币就是 49 克。

【挑战自我 7】17 辆；1120 人。

【挑战自我 8】先借一只羊，做上记号，加入到 17 只羊里，这时羊变成了 18 只。然后让老大牵走其中的 1/9，也就是 2 只羊；老二牵走其中的 1/3 也就是 6 只羊；老三牵走其中的 1/2 也就是 9 只羊。分完后，刚好剩下一只羊，再还回去。